全国高等职业教育园林类专业"十三五"规划教材

园 林 绘 画
（第2版）

主　编　丁春娟
副主编　尤长军　刘志红
主　审　张新词

U0343579

黄河水利出版社
·郑州·

内 容 提 要

本书为全国高等职业教育园林类专业"十三五"规划教材之一。本书的内容包括概述、绘画的基础知识、素描、色彩、造园要素表现技法和作品欣赏等。概述部分主要介绍了绘画与园林,绘画的分类、特点及表现题材及园林绘画在园林艺术中的作用。绘画的基础知识主要介绍了观察方法、构图基础、形体比例与形体结构及透视等基础理论知识。素描部分介绍了石膏几何体素描、静物素描、园林风景素描、速写等的写生方法及步骤。色彩部分介绍了色彩基础理论知识、色彩的对比、调和及颜色的调配,色彩画的特性、材料及工具特点,水彩画技法、水粉画技法和风景写生的方法步骤。造园要素表现技法介绍钢笔画技法、马克笔技法及彩色铅笔表现技法。作品欣赏部分主要提供了大量不同时期、不同题材及风格的优秀作品。

本教材适用于园林技术、园林工程、园艺技术、城市规划等专业教学,也可作为成人教育的辅助教材及自学用书。

图书在版编目(CIP)数据

园林绘画/丁春娟主编.—2 版.—郑州:黄河水利出版社,2018.10 (2022.9 重印)
全国高等职业教育园林类专业"十三五"规划教材
ISBN 978-7-5509-2195-5

Ⅰ.①园… Ⅱ.①丁… Ⅲ.①园林艺术-绘画技法-高等职业教育-教材 Ⅳ.①TU986.1

中国版本图书馆 CIP 数据核字(2018)第 250272 号

策划编辑:李洪良 王志宽   0371-66026352 66024331

出 版 社:黄河水利出版社
　　　　地址:河南省郑州市顺河路黄委会综合楼 14 层   邮政编码:450003
发行单位:黄河水利出版社
　　　　发行部电话:0371-66026940、66020550、66028024、66022620(传真)
　　　　E-mail:hhslcbs@126.com
承印单位:河南匠之心印刷有限公司
开本:787 mm×1 092 mm 1/16
印张:10
字数:230 千字
版次:2010 年 1 月第 1 版
　　　2018 年 10 月第 2 版   印次:2022 年 9 月第 2 次印刷
定价:35.00 元

全国高等职业教育园林类专业"十三五"规划教材编审委员会

主　任

湖北生态工程职业技术学院　　肖创伟

副主任

黑龙江林业职业技术学院	张树宝	河南林业职业学院	陈　涛
甘肃林业职业技术学院	张彦林	信阳农林学院	梁本国

委　员（排名不分先后）

湖北生态工程职业技术学院	江建国	黑龙江生物科技职业学院	郭晓龙
商丘职业技术学院	潘自舒	泰山职业技术学院	耿忠义
潍坊职业学院	巨荣峰	山东水利职业学院	张晓鸿
黑龙江农垦科技职业学院	王金贵	苏州农业职业技术学院	龚维红
辽宁农业职业技术学院	王国东	河南农业职业学院	朱永兴
河南水利与环境职业学院	张德喜	湖北生态工程职业技术学院	张文颖
信阳农林学院	龚守富	周口职业技术学院	张　蕊
山东农业工程学院	杨向黎	三门峡职业技术学院	代彦满
甘肃林业职业技术学院	宁妍妍	黑龙江农业经济职业学院	杜兴臣
河南牧业经济学院	左金淼	内蒙古电子信息职业技术学院	来　强
长沙环境保护职业技术学院	许桂芳	伊犁职业技术学院	芦海燕
黑龙江农业经济职业学院	周淑香	杭州万向职业技术学院	吴业东
衡水学院	欧阳汝欣	许昌职业技术学院	张巧莲
湖北城市建设职业技术学院	文益民	黑龙江林业职业技术学院	周　鑫

出版说明

近年来，随着社会的进步和人们生活水平的提高，人类对生存环境的质量要求越来越高，园林作为生态环境建设的重要组成部分和提高人类生存环境质量的重要凭借手段，越来越受到环境决策者和建设者的重视，特别是在城市，生态园林建设已成为解决社会快速发展所带来的环境问题的主要方式之一，因而以服务和改造室内外环境为基本内容的园林专业也随之迅速发展，新观念、新技术不断涌现，社会对园林工程专业高端技能型人才的要求也不断提高。

为了配合全国高等职业教育园林类专业的教学改革与教材建设规划，按照国家对高等职业教育园林专业人才培养目标定位和市场对园林专业人才专业知识及实践技能的要求，在对现有园林工程专业教材出版情况进行深入调研并充分征求了各课程主讲老师意见的基础上，我社组织出版了这套"全国高等职业教育园林类专业'十三五'规划教材"。教材的编写立足于高起点、出精品，本着知识传授与能力培养并重的原则，以培养园林高级专业技术人才为目标，着重加强职业教育的技能培养特色，重点突出实验、实训教学环节。

本系列教材的编写和出版得到了全国多所园林类高等职业院校的大力支持，我们特别邀请了多所高等院校相关专业的老师对稿件进行了严格审查把关。正是由于他们的辛勤工作和无私奉献，才使得这些教材能够在最短的时间内付梓，并有效保证了教材的整体水平和质量。在此，对推进此次教材编写与出版工作的各院校领导、参编和审稿的老师表示衷心的感谢和诚挚的敬意。

诚然，人才的培养需要教育者长期坚持不懈的努力，好的教材也需要经过时间的考证和实践的检验。希望各院校在使用这些教材的过程中提出改进意见与建议，以便再版时不断修改和完善。

黄河水利出版社

再版前言

园林是一门艺术与功能相结合的造型艺术。园林绘画是高等职业技术教育园林技术专业的一门主干课程,该课程以绘画艺术为基础,具有相对独立性,兼具园林环境规划(绿化)设计和绘画艺术的特点,并将两者融为一体。本教材是为适应高职园林专业教育教学改革,以专业教学计划和教学大纲为基础,结合园林专业学生的现状和教学实际编写的。

本书分为概述、绘画的基础知识、素描、色彩、造园要素表现技法和作品欣赏等五部分。本教材在编写过程中,注重学生审美能力、鉴赏能力及艺术创造能力的培养,使学生掌握绘画的基础理论和基本表现技巧,以适应园林工作的实际需要;突出园林专业的专业特点,有意加强了绘画与园林规划设计、景观设计、园林美学等知识,加强了步骤图的讲解,突出实训项目,增强学习的趣味性。教材图片大多选自名家名作,强化了教材的实际指导意义。

本书主编为丁春娟,副主编为尤长军、刘志红。具体分工为:概述、第一章、第二章第一节由甘肃林业职业技术学院丁春娟编写;第二章第二、三节由河南科技学院园林学院刘志红编写;第二章第四、五节由黑龙江农垦科技职业学院刘涛编写;第三章第一节由湖北城市建设职业技术学院胡莹编写;第三章第二、三节和实训项目由黑龙江农垦科技职业学院蔡乐编写;第四章由辽宁农业职业技术学院尤长军编写;第五章由尤长军、丁春娟编写。

本书由河南科技学院艺术学院副院长张新词担任主审。本书在编写过程中,得到了甘肃林业职业技术学院、辽宁农业职业技术学院、河南科技学院园林学院、黑龙江农垦科技职业学院、湖北城市建设职业技术学院的大力支持,甘肃林业职业技术学院的马金萍、李楠老师在图片的后期处理中做了大量工作,在此一并表示感谢。

本教材所引用的部分优秀作品图例,由于时间仓促和联系不便,致使未能及时与原作者进行沟通,在此表示歉意。图片未署名者均为各章节编写老师提供。

由于时间仓促,经验不足,缺点和错误在所难免,敬请各位专家和读者批评指正。

编　者
2018 年 8 月

目　录

概　述

一、绘画与园林

园林绘画是以艺术为基础,融合园林规划设计艺术、相对独立的造型艺术门类,将园林设计规划与绘画艺术融为一体。学习园林绘画的主要目的是提高艺术素养,培养学生的造型能力、形象思维能力以及丰富的想象力和审美能力,同时掌握绘画的一些基础理论知识和表现技法,为更好地学习和表现园林规划设计和园林设计意图打好基础。

园林设计人员在进行方案设计时,往往用图纸或模型来表达设计意图。一个优秀的设计师,其素描和色彩的功底深浅对设计意图的表达产生着直接的影响,各

图 0-1　园林建筑钢笔画

种尺度的把握、色调的表现及光影效果、材质和质感等,都与设计信息的传递有很大的关系,可以说园林设计意图和园林环境,多以绘画的形式表现,特别是中国山水画中所采用的艺术手法常常被园林造景设计所采用。

图 0-2　建筑效果图

二、绘画的分类、特点及表现题材

绘画是一种造型艺术,是通过线条、明暗、色彩、空间和构图等形式表达的一种静态艺

图 0-3　园林景观手绘　（张德俊）

术形式。绘画按工具和材料可分为中国画、油画、版画、素描、水彩等诸多种类,按题材内容可分为人物画、风景画、花鸟画、建筑画、宗教画等,按功能和画面形式的不同可分为壁画、连环画、插图等。

　　中国画按其题材和表现对象大致可分为人物画、山水画、花鸟画、界画、花卉、瓜果、翎毛、走兽、虫鱼等画科,按表现方法分有工笔、写意、勾勒、设色、水墨等技法形式,设色又可分为金碧、大小青绿等。

图 0-4　希腊瓶画

　　一般意义上的油画按照表现内容分为三类,即人物画、风景画和静物画。

图 0-5　山水画　（朱先贵）

图 0-6　白描花卉　（王道中）

图 0-7　油画　向日葵　（梵高）

三、园林绘画在园林艺术中的作用

　　园林艺术涵盖了多方面的因素,但无论是东方人追求的诗情画意抑或是西方人所讲的形式美原理,园林绘画都有着独特的目的和功能。园林绘画以植物分类学、生态学、环境学等为基础,用素描和色彩的绘画语言来表现植物的生态、形态结构以及色彩特点。

　　园林是建筑的延伸,属于艺术范畴,而园林绘画是园林艺术的基础,通过对园林绘画基础理论知识和基本技法的学习,培养创造力、想象力和表现力,学会用艺术的手法表现自然美,开拓视野,陶冶情操,创造具有诗情画意的人居环境。

图 0-8　素描　（纳兰霍）

图 0-9　版画　（史一）

图 0-10　水彩　纽约犹太人博物馆扩建

图 0-11　钢笔淡彩　（刘志红）

图 0-12 北京颐和园长廊

图 0-13 建筑素描 （任大鹏）

第一章　绘画的基础知识

第一节　观察方法

"有什么样的观察方法就会有什么样的画法"。这是我们常听到的话,事实也是如此。在绘画练习中,应当把培养观察能力放在首位。对物象的观察过程实际上就是对物象进行分析、判断、总结的思维过程。因此,掌握正确的观察方法是提高观察力的重要途径,也是培养和提高造型能力的重要一步。

观察是了解、认识事物的重要手段,更是学习绘画艺术的独特方法,绘画表现能力的提高其实就是指观察方法的培养与提高,因为观察的过程实质是对形体的感觉—理解—更深刻认识的过程。

通俗地讲,观察就是"看","比较的看,立体的看,整体的看",绘画观察方法的培养和训练是一项长期的、综合的能力训练过程,正确的观察方法可以使我们少走许多弯路。要想取得较好的观察效果,就必须掌握正确的观察方法。

一、整体观察

"整体是一切艺术之魂",从整体出发是科学观察方法的核心。整体的观察方法就是要完整地、联系地、比较地看,为了养成整体观察和整体作画的习惯,在观察中,我们不仅要看到某一局部,同时也要看到多个局部,即整体与整体、整体与局部、局部与局部之间进行比较和鉴别,从而把握表现形体的特征。

从整体观察,就是要"统揽全局",这样才能更加准确地认识和分析形体的结构关系、透视关系、色彩关系、明暗关系及空间关系等。任何物体的存在都是由各个局部组成的一个整体,整体离不开局部,局部受整体制约,它们是辩证统一的关系。在绘画练习中,我们要始终做到从整体出发观察形象,局部服从整体(如图 1-1 所示)。

二、比较观察

对整体而言,局部与局部之间的关系是相互依存、彼此之间有着密切的联系。整体观察并不是只看大体,不看细部,而是要在观察细部时,注意到它与整体的联系以及与其他细节的区别和联系。形体的结构、比例、色调、质感、空间等都是通过比较才得以区分的。所以,在进行实际写生训练时,我们常常会提醒同学,画右边时看看左边,画前面时留心后面。由此可见,比较十分重要,如果不注意比较,往往会造成画面杂乱无章或喧宾夺主,缺乏整体性。

三、本质观察

要牢固地树立结构与形体概念的意识,因为结构与形体是素描学习的本质,紧紧地把

图 1-1　国外建筑钢笔画

握这一本质的、不变的因素去观察、分析、表现反映于物象外部的各种关系,这便是本质观察的方法。

　　在形体刻画和塑造中,要始终坚持本质观察的方法,树立结构和体积概念,任何表面现象都以本质为依据,现象反映本质,不去认识、理解事物的本质,也就不可能真正理解现象,反而会被一些表面现象所迷惑,从而产生盲目性。

第二节　构图基础

　　构图就是传统画论中的"经营位置",晋代画家顾恺之称它为"置阵布势"。

　　在绘画中,构图就是根据题材和主题思想的要求,把要表现的形象适当地组织起来,构成一个协调、完整的画面,其中包括线条、形体、明暗、空间等等。构图是画面结构各种关系的总体,是思想性和艺术性的体现。在园林绘画练习中应自始至终贯穿构图意识,因为素描阶段的构图练习,能逐步培养构图意识和构图能力,也是画者作品思想性与艺术性的体现。

　　学会恰当地构图,掌握一定的构图规律,将构图的各种因素有序地组织起来,营造完美舒适的画面,既可以提高我们的审美能力,又可以丰富作品的表现力。

一、构图的基本原则

(一)变化与统一
变化与统一是构图最为重要的基本原则。
变化:指相异因素组合、并置在一起时产生的对比效果,如明暗、比例、结构、大小等。
统一:指各组成部分之间的相互联系,即共同性。

　　构图作为绘画艺术的语言形式之一,除了要准确、生动地表达作者的情感外,还应具有视觉美感(如图 1-2 所示)。

图 1-2　油画　拾穗者　(米勒)

(二)对称与均衡

　　对称:指图形或物体对某个点、直线或者平面而言,在形状、大小和排列上就具有一一对应的关系;在数理上,表现为轴对称和旋转对称;在美术上表现为同形同量的组合关系,可分为绝对对称和相对对称。

　　对称的画面结构常常富有静感。

　　均衡:即异形同量的组合,实质上为视觉上的某种平衡(如图 1-3 所示)。

图 1-3　巴西议会大厦

(三)对比与调和

　　对比:即变化的一种形式,也指形、色、质等各因素的差异性,强调各要素之间的对应性。

　　调和:是指各要素之间的近似性。

（四）比例与尺度

比例：指画面的整体与局部、局部与局部之间的比较关系（如图1-4所示）。

图1-4　巴黎圣母院的建筑比例

尺度：指人与物体之间所形成的大小比较关系，一个好的环境要有一个好的尺度，即"人体尺度"，通过人体尺度，确立周围环境的尺寸。

（五）节奏与韵律

节奏是条理与和谐的表现（如图1-5所示）。

图1-5　迪拜的伯瓷酒店

韵律是节奏的反复连续（如图1-6所示）。

图1-6　悉尼歌剧院　（伍重）

二、构图的基本形式

在绘画中,依据表现题材、内容、形式等的不同,可分为以下几种常见的构图形式。

对称式构图:主体物置于画面中心,非主体物置于主体物两边,起平衡作用。对称式构图一般表达静态内容(如图1-7所示)。对称构图的变化形式有平衡式构图、金字塔式构图、放射式构图等。

图1-7　雅典学院　（拉斐尔）

均衡式构图:一般主体物不处于绝对中心的位置,而是置于一边,非主体物置于另一边,起平衡作用。

均衡式构图一般表达动态内容。其构图的形式有对角线构图、弧线构图、渐变式构图、S 形构图、L 形构图等(如图 1-8 ~ 图 1-11 所示)。

图 1-8　园林景观手绘　对角线构图　(张兴刚)

图 1-9　韦克的风车　S 形构图　(雷斯达尔)

图 1-10　园林景观手绘　弧线构图　(佚名)

图 1-11　水彩画　渐变构图　(丁春娟)

三、其他形式的构图

另外还有一系列的构图法则,如"主宾"、"对称"、"均衡"、"对比"、"协调"、"虚实"、"疏密"、"节奏"、"韵律",等等。不管用什么法则,只要让画面安排能营造出视觉美,就是一幅好的构图作品(如图1-12、图1-13、图1-14所示)。

图1-12　静物素描　学生作品

图1-13　钢笔淡彩　(刘志红)

图1-14　马克笔景观手绘表现　(聂敏)

四、园林作品中的构图形式

采用冷暖对比及线面结合的对比手法,更能鲜明地突出各自的视觉感染力(如图1-15所示)。

图1-15　麦积山雪景

利用不同位置的上下高低、起伏、左右、方向等的变化,在空间层次的表现上形成了远、中、近景的推移层次(如图 1-16 所示)。

图 1-16　颐和园清晏舫

利用小桥将环境中的此地与彼地连接并使其产生呼应关系,既可增加情趣,又使各景在一个整体之中(如图 1-17 所示)。

图 1-17　某住宅小区

采用对称均衡的布局形式,更能体现北方皇家园林的庄重与威严(如图 1-18 所示)。

图 1-18　故宫

在园林建筑中，一般以主体建筑的形状、大小、高矮等因素结合其他建筑、建筑小品、道路、植物等以及分区规划来突出主体建筑（如图1-19所示）。

图 1-19　天坛祈年殿近景

第三节　形体比例与形体结构

一、形体比例

形体比例主要是指形体的长度、宽度和深度之间的比较与分割关系，换言之，是指整体与局部、局部与局部之间的比较关系。

二、形体结构

在造型艺术领域，结构有着较为独特的含义，一般情况，结构包括形体结构（又称几何结构）、内部结构和空间结构（见图1-20、图1-21）。

（一）形体结构

形体结构又称几何结构，是把任何复杂的形体都可以概括为基本的几何形，即立方体、圆柱体等基本的结构或几何体的结合体，以便帮助我们从本质上来认识和分析、研究形体结构（见图1-22）。

（二）内部结构

内部结构又称解剖结构，主要是指客观物象的内部构造与结构关系（见图1-23）。

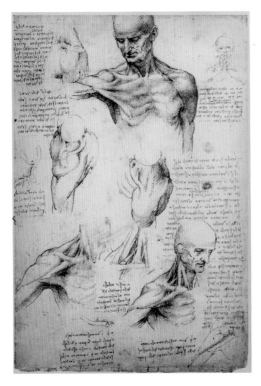

图 1-20　人体结构　（达芬奇）

图 1-21　素描　（米开朗基罗）

图 1-22　结构素描（一）　（尹旭峰）

（三）空间结构

　　空间结构是指客观物象所占有的空间位置以及其构成的空间方式,即物象在三维空间中的空间位置。

　　结构素描对形体的空间表现,不依赖于形体的明暗色调,而是通过形体的结构表现出来。结构素描强调立体的认识与表现,同时,也强调运用空间的结构意识观察、分析与表现(见图 1-24)。

图1-23　结构素描(二)　(佚名)

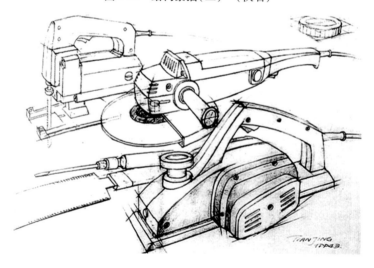

图1-24　结构素描(三)　(佚名)

第四节　透　视

一、透视知识

透视是一种视觉现象。所谓透视变化,是通过视觉器官所产生的一种视觉反映。客观世界的一切物象形体,只要为人的视觉所感知,都毫无例外地受着透视规律的支配与制约。

　　任何存在于空间的物体形象,都会产生不同的透视变化,"近大远小"、"近高远低"都是透视的表现形式。

　　学习透视知识,要理论联系实际,由浅入深、循序渐进。例如:观察立方体后会发现,立方体由大小完全相等的六个面组成,在最多能看到三个面的情况下,产生透视变形,不仅具有深度的两个面大大缩扁,而且也改变了正方形的形状。正确地学习和掌握透视的基础知识,有利于我们更科学、更合理地分析物象(图1-25~图1-27为透视知识图)。

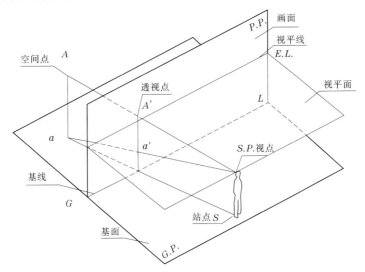

图1-25　透视的常用术语

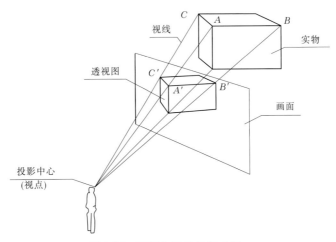

图1-26　透视作图的几何术语

透视常用名词

视点:指画者眼睛所处的位置。

视线:从视点到物体的连线。

视平线:假设的与视点等高的一条水平线。

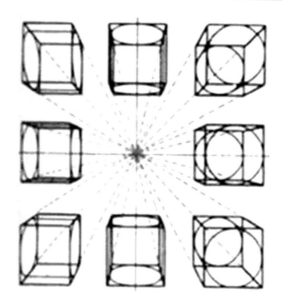

图 1-27　立方体和圆柱体的平行透视

基面:承载物体的水平面。

视域:指视线所能涵盖的区域,正常情况下人眼能看到视角为 60°范围的区域,称为"正常视域"。

视角:从视点到物体所形成的圆锥形视域角度。

灭点:也称消失点。

站点:画者与地面的交点。

心点:又称"主点",是指画者的眼睛正对视平线上的一点。

原线:与画面平行的线。

变线:与画面成角的线称变线,也可称为产生透视变形的线。

二、透视的三种基本形式

透视一般可分为物理透视、空气(色彩)透视和散点透视。物理透视又称为"焦点透视",可分为平行透视、成角透视和倾斜透视。空气透视主要表现为色彩的透视变化,即"近艳远灰"。散点透视是中国画特有的绘画透视形式,不受焦点透视的影响,在画面中会产生特殊的效果,这在中国山水画中应用尤为广泛。

(一)平行透视

当立方体的一个面与画面平行,其他侧立面与画面垂直,所产生的透视即为平行透视(见图 1-28)。

平行透视的特征:

● 有一个灭点,即心点(主点)。

● 有一个面始终与画面平行。

● 立方体的平行透视有 9 种基本形态。

图 1-28 平行透视实例

（二）成角透视

当立方体的两个侧立面与画面成一定夹角，水平面与基面平行时，所产生的透视称为成角透视（见图 1-29）。

成角透视的特征：

● 立方体任何体面失去原有的正方形特征。

● 消失点不集中在心点上，而是消失在左右两个余点上。

图 1-29 故宫角楼 成角透视实例

（三）倾斜透视

当立方体的三个面都与画面、基面不平行时所产生的透视变化，称为倾斜透视。

倾斜透视有两种基本情况，即俯视倾斜透视和仰视倾斜透视。

倾斜透视的特征：

●有三个消失点。

●俯视倾斜透视(会呈现上大下小的透视缩形,变线向地点汇集消失)。

●仰视倾斜透视(会呈现上小下大的透视缩形,变线向天点汇集消失)(见图1-30)。

图 1-30　仰视透视实例

三、圆形的透视规律

(一)圆面的透视

圆面在产生透视变化以后,由圆形变为椭圆形,要想画出不同状态下的圆的透视就应该首先画出相应的方形的透视变化,在此基础上,再画圆形的透视。

(二)球体

在研究立方体透视的基础上,可以画出球体的透视。根据球体的结构特点,从球心到球体表面任意一点的距离都相等,球体透视变化主要体现在明暗交界线上。

(三)圆柱体的透视变化

圆柱体的顶面和底面的透视画法与圆形的透视画法是一样的,而圆柱体在画透视时,柱身也应先画出相应的长方体,然后进一步细化,找出透视关系(如图1-31、图1-32所示)。

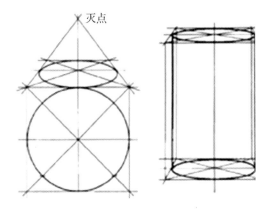

图 1-31　圆柱体透视（一）

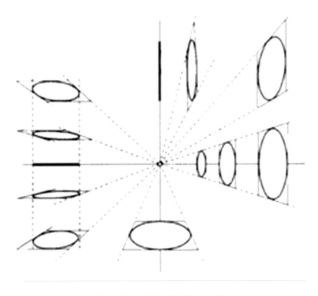

图 1-32　圆柱体透视（二）

第二章　素　描

第一节　素描的基础知识

素描既是一个独立的画种，又是一切造型艺术的基础，是造型艺术领域中最为基础的学科。素描作为一种绘画形式，是相对于"彩画"（色彩描绘）而言的，素描泛指单色画，是研究和表现物象最常见的方法（图2-1为石膏组合体素描）。

图2-1　石膏组合体素描　（王建国）

素描强调以洗练、概括的手法，艺术地表现物象。素描的优点在于它排除了色彩因素，有利于集中观察和描绘物象的形体结构、空间位置、透视关系及本质特征。因此，素描既要求准确、真实地表现物象，又要求生动、艺术地概括物象，是培养造型能力的重要方法（图2-2为钢笔素描）。

一、素描的分类

（一）按画法划分

素描按画法划分，可分为结构素描和明暗素描（又称"全因素素描"）两种。

结构素描是以形体的结构为造型手段，摒弃了物体外在的、表面的、偶然的和不确定的因素，从形体的结构规律入手，紧紧围绕结构来展开造型训练，培养和提高对形体结构的探索与认识，从而进一步掌握实用性素描的造型方法。其特点为以线条为主要表现手段，塑造和表现形体的结构关系、空间关系和透视关系，结构素描十分重视线条本身的形式美，具有高度的概括性和装饰性，同时，结构素描是通向实用设计、拓展创意的最佳途径。

图 2-2　钢笔画　（张韬）

　　结构素描重点是以表现形体的结构关系、空间关系和透视关系来提高对结构规律的认识与表达能力。

　　在绘画实践中,要注重对形体结构与造型的深入研究和理性分析,以便掌握结构素描的表现技巧,提高结构素描表现能力,为今后园林景区的园林小品设计、雕塑造型、园林规划设计等的构思、创意、表达奠定坚实的基础。

　　明暗素描,又称"全因素素描",是在深入理解物象形体结构的基础上,运用结构、比例、透视、色调及质感、量感等造型因素,表现物象的立体感、质感、空间感,明暗素描注重用黑、白、灰及各种调子来塑造形体的空间感,在视觉上更具真实性(如图 2-3 所示)。

图 2-3　舞女　（德加）

（二）按绘画题材划分

根据素描所表现的题材和内容划分,可分为石膏几何体素描、静物素描、人物素描、风景素描、建筑素描、动物素描等。

（三）按功能划分

素描按功能划分,可分为习作性素描和创作性素描。

习作性素描主要针对的是以美术创作为目的,表现创作构思的草图、正稿,以及以素描形式搜集的静物、人物、风景以及场景和道具等资料(如图2-4、图2-5所示)。

图2-4　松树　（希施金）　　　　　　图2-5　风景素描　（佚名）

创作性素描又称研究性素描,属于写生范畴。它的任务是对物象做深入细致的研究,充分认识对象,通过实践,训练观察方法和表现方法(见图2-6)。在习作中,有一部分是为了提高造型能力进行练习的,也有一部分是为了搜集创作素材进行的写生。

创作性素描以素描方式进行创作,属于美术创作范畴,有明确的表现意图,或是在技巧方法上和素描语言上进行某些探索与创新,在充分认识和理解对象的基础上,满怀激情地概括对象和生动地表现对象。

二、素描的常用工具、材料

（一）笔的种类

素描按照使用工具和技法可分为铅笔、炭笔、炭精条、钢笔、毛笔等(如图2-7所示)。

1.铅笔

铅笔是很好的素描工具,铅笔笔芯有软硬之分,既可以表现丰富的色调和层次,又易

图 2-6　球体写生　（田汀洲）

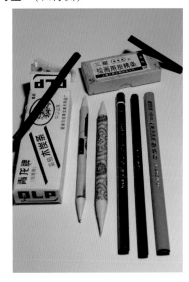

图 2-7　素描常用的工具

擦易改、易固定。初学者最好选用铅笔作为素描用笔。铅笔铅芯一般以字母"B"和字母"H"来区分其软硬度,HB 是中性,B 类铅笔铅芯软,数值越大铅芯越软,色也越浓;H 类铅笔则反之。

2.炭笔

炭笔笔芯粗且软,颜色浓重,但难于擦拭,不易修改。

3.炭精条

炭精条可分为黑色和棕色两种。其特点为既可大面积涂抹,又可层层深入,与炭笔相似,但难于修改,容易弄脏画面。

4. 钢笔

钢笔能表现丰富的画面层次,对比强烈,但难于修改,不适于初学者。

(二)素描用纸

目前市场上专门有素描纸,其质地坚实、平整、耐擦拭,有不毛不皱、易于修改的特性。其他纸如铜版纸适宜于钢笔、宣纸适宜于毛笔等(见图2-8)。

图 2-8 素描写生常用纸张

(三)其他工具

橡皮是最常用的辅助工具,恰当的擦拭能起到意想不到的效果,购买时可选较柔软的。另外,美工刀也是必不可少的工具,其他工具如画板、画架等,可因具体情况而定(如图2-9所示)。

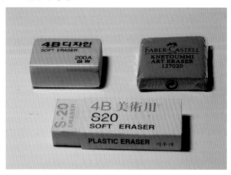
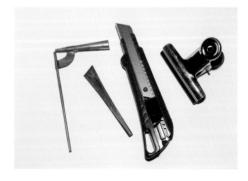

图 2-9 其他辅助工具

三、素描的学习方法

对于初学者来说,正确的学习方法能起到事半功倍的效果。开放式教学,能够充分发挥学生的绘画兴趣和主观能动性,发掘学生探索与研究的潜力,加强学生创新意识的培养。

（一）临摹

临摹就是临写或摹画,中国传统绘画学习非常重视临摹。通过临摹优秀的素描作品,尤其是大师们的作品,研究各种不同的素描造型方法和表现形式,以及有关造型艺术的法则和规律,予以借鉴和应用,对于提高自己的绘画技巧和表现能力都具有积极的促进作用。

（二）写生

写生是最直观的观察与表现对象的一种绘画方式。通过写生,进一步观察、研究和表现对象,使理论和实践有机结合,是素描学习最有效的方法之一。

（三）速写

单色速写属于素描范畴。同时,速写也是积累绘画素材的有效方法,由于速写画的快,画的简练,是体现敏锐观察能力、概括能力和表现能力的重要方法。

（四）默写

默写是一种独立的素描训练方法,是凭借对客观物象的理解力、判断力和记忆力来描绘与表现现实中的物象。默写主要是依据对物象的理解力和记忆力来完成的,对于培养与提高理解力、判断力、记忆力和表现力有着重要的作用。

四、明暗变化的规律

我们在观察或表现形体时,均需有一定的光线条件。任何形体,不论结构如何复杂,色彩如何变化,只要处于一定的光线照射下,就会产生明暗变化,将这种明暗变化用素描调子的深浅表现出来,就是色调。

形体的明暗变化与下列因素有关:

(1)光线照射的强弱及光线的多少。

(2)光源距离形体的远近距离。

(3)形体本身所具有的颜色。

(4)形体的质地、反光等性能。

形体的明暗变化规律:物体受到光线照射所产生的变化具有规律性,在白色的石膏几何体上表现尤为明显,即通常所说的"两大部分"、"三大面"、"五调子"。

（一）两大部分

两大部分是指受光的亮面部分和背光的暗面部分。

（二）三大面

物体所占有的空间一般表现为高度、宽度和深度,由此产生立体的特征。三大面是指受光线直射的亮面,受光线侧射的灰面和背光的暗面,也就是我们通常所说的"黑、白、灰"三大面(见图2-10)。立方体的表现最为典型。

（三）五调子

五调子是指亮色调、中间色调、明暗交界线、反光和投影(见图2-11)。物体由明到暗的变化幅度很大,且很微妙,不管形体多么复杂,结构如何变化,除非多光源照射,其明暗变化的规律是不变的。

亮色调:是受光线直射的受光面,呈现亮色调。亮色调的焦点称为"高光"。

中间色调:受光线侧射的面,呈现中间色调。

灰面

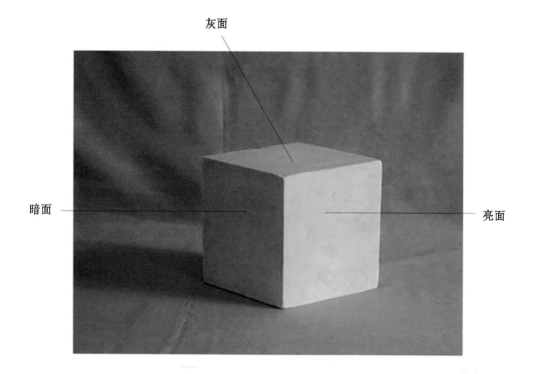

暗面

亮面

图 2-10　立方体的明暗变化规律

明暗交界线

中间色调

亮色调

反光色调

投影色调

图 2-11　圆球体的明暗变化规律

　　明暗交界线:是指物体的受光面与背光面相交的地方,是物体中色调最深的部分,它既不受光线照射的影响,又不受环境及反光的影响。它实际上并非一条线,而是狭长的、具有起伏变化的体面。

　　反光色调:反光在物体的背光部分。

　　投影色调:投影是光线被遮挡后,在物体的背光一侧顺光线照射方向的支撑物或邻近物上留下的阴影。

　　一般情况下,亮色调和中间色调处于受光面,反映物体亮部的颜色。明暗交界线、反光及投影处于背光面,反映物体暗部的颜色。因此,在写生中应整体观察、整体比较及表现。

第二节　几何形体素描

　　石膏几何形体是素描技能训练和绘画学习的重要途径,是学习素描的第一课。自然界的物体外部形态千变万化,但是现实中的任何一种形态,无论是自然形态还是人工形态都可以还原为最基本的几何形态(立方体、柱体、锥体、球体、多面体等),并且按照一定的规律组合在一起,形成其特定的形态特征。石膏几何体因其造型简单概括、体块色彩鲜明而成为素描训练的必选课程。学习和掌握几何形体的形体结构、透视与光影变化规律,能为进一步探索与研究自然界复杂的形态特征奠定基础。

一、几何形体的构成要素

　　点、线、面是几何形体素描的基本要素,也是造型表现和意图传达的基本手段。任何一个实体都必须要靠点、线、面的完整组合才能实现其现实空间,而点、线、面是实现其现实空间的重要因素。

(一)点

　　几何学上的点只有位置,没有长度和宽度。造型上的点既有位置也有大小和形状,是一切形态的基础,它既是结构的交点,又是物体的多个面的转折点。点的位置直接关系到形体与结构关系的判断和表达,一旦和结构相联系时,点便成为视觉的中心、力的中心,能够产生凝聚力和视觉冲击力。

(二)线

　　线是点的集合,也是面的相交。造型上的线既有长度,也有一定的宽度和厚度。不同类型的线,其视觉感受和性格也不同,表现力也不一样。轻重缓急、抑扬顿挫、虚实相生等都会产生丰富的视觉效果。在几何形体里,线的作用主要体现在两个方面:一是分析比例、结构、透视和空间关系的作用。比如中垂线,既表示对称关系又表示重力关系。二是塑造形体、表现体积和空间的作用。

(三)面

　　面是由线条围合而成的二维空间,在结构表现中至少要有三条线才能构成一个面,有高度和宽度,没有厚度,这个三角形是由三个点相互连接成三条线围合而成的。在二维平面上四个点相互连接会成为四边形;在三维空间里,任何三点都不在同一条直线上的四个点两两相连,就会成为三棱锥。因此,几何形体中体面关系的转折变化同点和线有着密切的联系。

　　点、线、面作为几何形体的构成要素,并不独立出现,但在几何形体中却包含着点、线、面所形成的结构关系、透视关系、比例关系、转折关系、空间关系等。因此,在素描中有以点带线、以线带面的说法(如图2-12所示)。

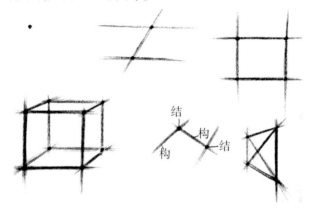

图2-12　线条的组织

二、线条的运用

　　线条是造型的基础,是构成视觉艺术形象的基本形式因素。线条具有丰富的艺术表现力,因运笔的大小、方向、力度、快慢不同而产生不同节奏和韵律感。在形体塑造过程中,线条能够明确、肯定地表示出物体的大小、轮廓、位置和空间等关系。因此,线条成为古今中外艺术家进行艺术创作与情感表达的重要语言手段。

　　线条分直线和曲线两种类型。

(一)直线

　　直线有水平线、垂直线、斜线等,不同线条的组合都有其不同的特点和效果,直线简单、明了、直率,适合表现刚劲、有力、粗犷之美。

(二)曲线

　　曲线有几何曲线、自由曲线等,曲线柔美、委婉、优雅、动感十足,适合表现柔韧、富于变化的物体,具有阴柔之美。

　　线条的运用要根据表现内容和表现对象的形体特点来确定。用线是手段,表现对象是目的。在几何形体表现中,轮廓线(外轮廓线与内轮廓线)的准确表达十分关键,水平线、垂直线、斜线、几何曲线是石膏几何体中的主要线型。例如,在画面中,水平线规定了物体在横向的位置关系,即左、中、右;垂直线规定了物体在纵向的位置关系,即上、中、下;斜线规定了物体在特定环境下的角度关系(见图2-13)。

　　对于初学者来讲,基本线型的练习是几何形体静物写生前的一个准备阶段,是一个很重要的前奏过程,它关系到几何形体写生能否顺利有效地进行。

图2-13 线条练习

三、写生技巧与方法

石膏几何体写生中要注意以下几点。

(一)透视规律

几何体中产生透视变化的线段必须服从于"近长远短"的透视规律,注意圆平面的透视规律,要克服轮廓的"反透视"现象。从体面结构出发,理性地理解和表现明暗关系、体面变化和层次变化。

(二)色感与明度

素描作为单色的绘画,画面的色彩感觉只能通过黑、白、灰色调的明度变化来表现,因而在几何形体写生中,准确观察和判断物体之间固有色的明度及其差别,对于色感的传达至关重要。熟练掌握物体的"五调子"格局和规律,以黑、白、灰色调的明度比例来概括和表现对象的明暗色调变化,细致而敏锐地辨别和把握色彩明度的层次关系,是获得丰富调子变化的重要方法。

(三)质感的表现

由物体的物质属性带给人的视觉感知即为质感。如玻璃表面的光洁、绸缎的柔软滑亮、陶瓷的粗糙、金属的坚硬等。质感的获得源自人的视觉经验和触觉经验。在静物写生中,质感的传达是一个重要的表达内容,它可训练我们视觉的敏感和写实效果的真实丰富。

(四)量感的表现

由物体的重量带给人的视觉感知即为量感。在绘画表现中体感和质感是造成物体量感的重要因素。如果画面出现的是一个没有体积的平面,虽然表现出了质感,却难以产生量感。而不同的质感又会唤起人们不同的量感经验,如绸缎的柔薄产生的轻感或陶瓷的粗厚产生的重感等。

四、几何形体的结构画法

结构画法是一种以研究形体结构为目的的素描表现方法,它以轮廓线和结构线来表达形体的转折、穿插、构成及组合关系。在对形体的观察过程中,透过物体表面利用各种线型判断、推理、表现出物体的外在形态和内在空间结构形态,结合感性认识,合理分析、理解和把握几何形体的基本形态与结构关系。

以线造型是结构素描的主要表现方法,线条造型讲究用线的变化与统一。刚柔虚实,轻重缓急,抑扬顿挫,曲直疏密,无不体现出优美的形式与生动的气韵。基础素描训练中的线造型方式,主要是学习用简练、明确的线来概括表现物象的形体结构特征,培养观察和分析形体结构关系的能力。线的粗细强弱变化,可表现出一定的立体空间效果。

(一)几何形体单体画法

步骤一 起稿构图。动笔前仔细观察形体的各个面的视角关系,最好是能看到多个面,避免重叠。结合画面,用长虚线画出棱锥结合体的高宽比例、外形轮廓(如图 2-14 所示)。

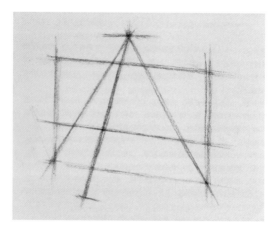

图 2-14 起稿构图

步骤二 空间结构。按照物体的结构、比例和透视关系,确定它的上下、左右、前后等空间结构关系,尤其是棱柱和棱锥的共有部分(如图 2-15 所示)。

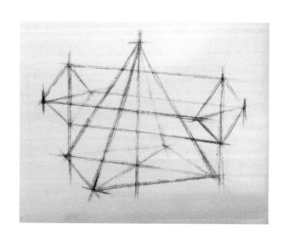

图 2-15 空间结构

步骤三 梳理线条秩序。从整体出发注意结合体的前后、远近及虚实变化。结合线条的粗细、长短、强弱表现出结合体的体面关系和立体空间关系(如图 2-16 所示)。

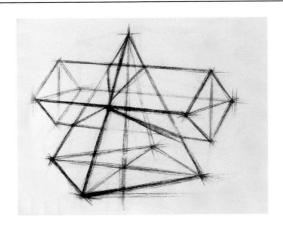

图 2-16 梳理线条秩序

步骤四 调整完成。对照实体，全面比较，从形态比例、体面转折、形体穿插、线条层次等方面反复调整画面，要做到局部和整体的有机统一（如图 2-17 所示）。

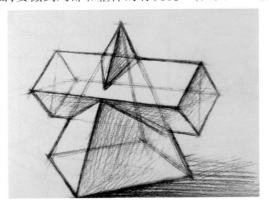

图 2-17 调整完成

（二）几何形体单体画法范例

几何形体单体画法范例如图 2-18。

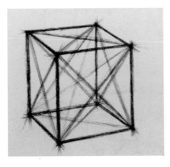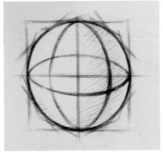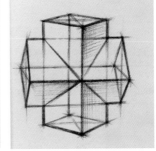

图 2-18 范例

（三）几何形体组合画法

步骤一 观察分析、组织构图。落笔前，面对几何形体，要整体观察、分析、归纳、构思，从比例、结构、动势、透视等方面画出对象的大体轮廓比例（如图 2-19 所示）。

图 2-19　观察分析、组织构图

　　步骤二　形体比例、结构、透视关系。勾画轮廓结构,在大体的比例框架内画好几何形体个体和整体的结构、比例、透视及形体转折关系,多个不同形态的圆的组合关系(如图 2-20 所示)。

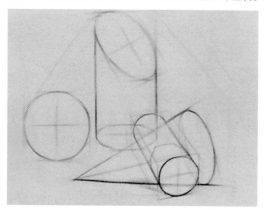

图 2-20　形体比例、结构、透视关系

　　步骤三　分析归纳几何形体的点、线、面、体的组合关系,前后、虚实、空间以及线的粗细、转折和体积关系,以结构为主,明暗为辅,刻画物体纵深的立体关系(如图 2-21 所示)。

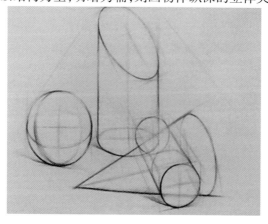

图 2-21　表现对象的大关系

步骤四　深入刻画。从整体出发注意静物的前后、远近及虚实变化,使形体的线条由远及近呈现较强的秩序变化。以整体关系为主线贯穿始终,要做到局部服从整体,丰富多变的局部表现要以画面的整体效果为主题,全面比较始终保持画面的协调统一(如图 2-22 所示)。

图 2-22　深入刻画

步骤五　统一调整。从形态比例、体面组合、形体穿插、色调对比、画面主次等方面进行整体的调整,辅以简单的明暗转折,从而使形体结构更为清晰、厚重。要突出画面的层次、虚实、空间和节奏(如图 2-23 所示)。

图 2-23　统一调整

(四)几何形体组合范例

几何形体组合范例见图 2-24 ~ 图 2-26。

五、几何形体的明暗画法

运用明暗调子的基本规律,表现物体在特定光线下呈现的形态、质感、立体和空间效果,以明暗色调塑造形体。这是写实绘画的精华所在,它能真实表现物体的自然状态。用

图 2-24　石膏几何体写生（一）　（刘志红）

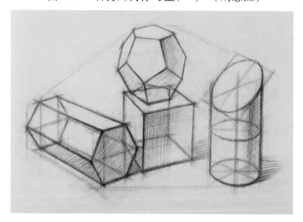

图 2-25　石膏几何体写生（二）　（周晓萍）

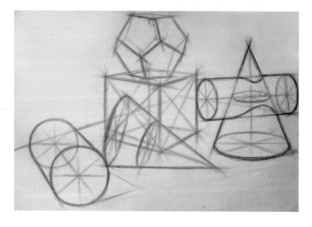

图 2-26　石膏几何体写生（三）　（刘志红）

色调块面塑造形体是这一造型方法的基本形式因素。画面色调层次的处理、立体空间的表现，都是建立在对体面的分析、理解和对光影变化规律灵活运用的基础上。

（一）几何形体单体的明暗画法

1.单体立方体明暗画法

步骤一　起稿构图。动笔前仔细观察立方体的各个面的视角关系，结合画面的远近比例，用长虚线画出立方体的外形轮廓（如图2-27所示）。

图2-27　起稿构图

步骤二　空间结构。按照立方体的结构、比例和透视关系，确定它的上下、左右、前后等空间结构关系，点和线的衔接要准确到位（如图2-28所示）。

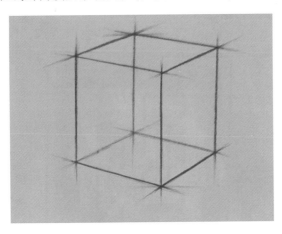

图2-28　空间结构

步骤三　光线。从整体出发注意静物的前后、远近及虚实变化，结合光线环境，找出立方体的明暗交界线（如图2-29所示）。

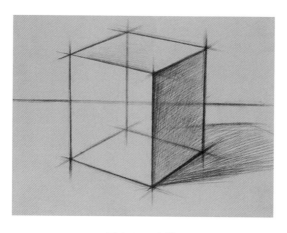

图 2-29 光线

步骤四　明暗。在表现物体结构关系的同时,找出立方体的三大面关系,使其明暗变化层次丰富,呈现更强的立体空间关系(如图 2-30 所示)。

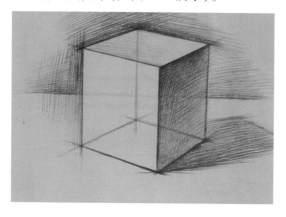

图 2-30 明暗

步骤五　调整完成。对照实体,全面比较,从形态比例、体面转折、形体穿插、线条层次等方面反复调整画面,要做到局部和整体的有机统一(如图 2-31 所示)。

图 2-31 调整完成

2.单体几何体明暗素描范例

单体几何体明暗素描范例如图 2-32 所示。

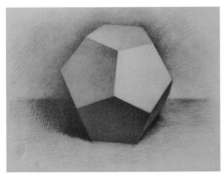

图 2-32 单体几何体素描范例

(二)石膏组合体明暗画法

步骤一 构图。面对几何形体,要整体观察、分析、构思,从比例、结构、动势、透视等方面画出对象的大体轮廓比例(如图 2-33 所示)。

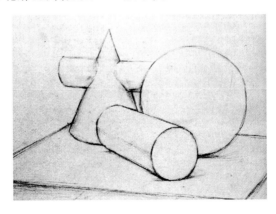

图 2-33 构图

步骤二 形体比例结构。分析归纳几何形体的点、线、面、体的组合关系,前后、虚实、空间以及转折、体积和光影关系,找出物体的明暗交界线(如图 2-34 所示)。

图 2-34　形体比例结构

　　步骤三　深入刻画。以整体关系为主线贯穿始终,要做到局部服从整体,丰富多变的局部表现要以画面的整体效果为主题,详细刻画几何体的色调和质感(如图 2-35 所示)。

图 2-35　深入刻画

　　步骤四　调整统一。从形体比例、体面组合、色调对比、画面主次等方面进行整体的调整,要突出画面的层次、虚实、空间体积感、质感和量感(如图 2-36 所示)。

图 2-36　调整统一

（三）石膏组合体明暗素描范例

石膏组合体明暗素描范例见图 2-37 ～ 图 2-39。

图 2-37　石膏组合体明暗画法（一）　（石好为）

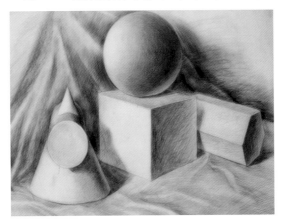

图 2-38　石膏组合体明暗画法（二）　（刘志红）

图 2-39　石膏组合体明暗画法（三）　（刘志红）

第三节　静物素描

静物素描,即以静物为表现题材内容的素描绘画形式。静物素描以相对静止的物体作为表现对象,一般在室内进行。静物选取的内容十分广泛,如日常用的器皿、水果、蔬菜、花卉、工艺品、小型家具、文具、炊具、食品、室内装饰品、玩具、乐器、动物标本等,都可以作为静物素描表现的内容。与几何形体相比,静物更富有生活气息和亲切感,所以静物又称为生活静物。静物因其造型、质感、色彩、用途和美感更为丰富多彩,成为素描写生训练的重要内容。

在静物写生练习过程中,可以获得更丰富的表现方法和技巧,积累更多的作画经验。所以说,静物写生是艺术面向生活、走向生活和学会表现生活的开始。

学习静物素描应遵循由简到繁、先易后难、循序渐进的原则,在初学阶段,应选择造型简单、色彩单一的物体,再逐渐过渡到结构复杂、色彩丰富、质感相异的写生对象。

一、静物组合的原则

(一)主题鲜明,富有生活气息

静物的摆放、布局很为讲究,首先,静物造型的选择应尽量符合人们的生活习惯,因为富有生活气息的物体便能产生美。其次,要有主题、层次明确,在陈设静物前应有一个好的构思,不要盲目拼凑一堆静物。要选择造型不同、大小不一,黑、白、灰层次分明的物体,且物体之间应有聚有散,前后、主次搭配合理。台布在衬托主体的同时,其纹理不能繁乱,疏密要有变化、节奏和韵律感。

(二)整体统一,富于变化

在整个静物的摆放过程中,应该有一到两个形体较大、造型好的主体物,在构思和色调上起决定作用,占据构图的中心位置;其他物体也要根据静物整体形式美的要求进行选择与搭配,应考虑它们在大小、高低、前后、色调及质感上的对比变化,以求获得统一的秩序美感。

(三)光线和背景

光线也是素描的造型要素,特定光线下物体的立体效果更为明显。物体在不同的光线下会形成不同的质感、不同的环境和不同的情调。强光可增强物质的闪光感,产生富丽堂皇的美感,用于照射某些豪华静物组合更为理想;自然光或平光产生安详朴素的效果,适用于某些具有朴素风格的静物。总之,不同光线可以产生不同的形体效果、质感效果和美感效果,需要运用不同的技法去表现。因此,在静物组合写生中,应当选用不同的光线,多方面培养感受力和表现力。

静物组合的背景可利用墙壁或深远空间,也可以用衬布。在选择衬布当背景时,衬布的深浅和质地应与静物的形态、质地、色调关系一起考虑。色调关系应既和谐又有对比,起到相互衬托的作用。从情调上说,较豪华的静物可以选用较豪华的衬布,朴素的静物可选用一般的粗布。衬布最好以单纯的色调形式出现,不要有明显的花纹图案,否则会花乱和喧宾夺主。

（四）构图的形式美

无论选择什么样的静物、体现的情调如何，若想摆出较理想的组合关系、画出较理想的构图，就要认识构图形式美的一般规律。静物写生形象比较丰富，是培养构图能力和认识构图形式美的良好机会。

在构图中，应掌握好以下几种构图方法和规律：

（1）比例与尺度。

（2）稳定与均衡。

（3）统一与变化。

（4）对比与调和。

（5）节奏与韵律。

由于静物是处于静止状态的，在不同的角度下，也会产生不同的构图形式、不同的画面动势。

以上是构图的最基本的原则，在实践中应灵活运用。组织和摆放静物的过程就是艺术实践的过程，也是学习和提高的过程。所以，应当学会组织静物，从而画出较理想的作品。

角度选择和构图是一幅优秀作品的关键和灵魂，所以选择的角度一定是最能说明物象特征的，而且是自己喜欢和适合表现的角度；所设计的构图也是最能体现绘画艺术魅力的，所以作画之前必须要多思考、多观察，形成一定的思路后再落笔，才能做到有条不紊，利用构图的原则和方法，尽可能表达出画面的美感。

总之，静物摆放富有情趣才会有强烈的感染力，才能调动画者的激情和表现欲。

二、静物素描的表现技巧和方法

（一）微妙的黑、灰、白色调关系

在静物素描中，黑、灰、白的层次变化与表现是一个关键环节。静物素描的明暗调子不同于几何体、石膏像那样单纯，组合静物的质感也有很大差异，其黑、白、灰调子关系显得十分的微妙而复杂。一幅优秀的静物素描，特别是全因素静物素描，应当是对于组合物体既有体现个性的描绘，更注重黑、灰、白三个层次的整体和有序布局，而且将更多的精力放在灰调的处理上。灰色是最富有变化的中间环节，没有黑色的画面缺乏力度，没有白色的画面缺乏生气，没有灰色的画面显得单调而不充实。明暗调子素描的微妙变化和魅力，主要依赖于分布合理的灰色。全因素静物素描的关键是在把握透视、结构关系和质量感的基础上，表现出静物的丰富、微妙的调子关系。

（二）质感的表现

物体的物质属性带给人的视觉感知即为质感，指在光的照射下物体反映出不同质地的感觉。如苹果和石膏、玻璃和布、金属和木材等的质感区别很大，苹果表面很光亮，石膏则较为粗疏缺乏光感，玻璃表面的光洁，绸缎的柔软滑亮，金属质地坚硬、明暗变化、光感强，木材质地粗糙、纹理自然等。质感的获得源自人的视觉经验和触觉经验。在静物写生中，质感的传达是一个重要的表现内容，对于培养作画者的视觉敏锐性和形体特征的塑造能力有很重要的意义。

（三）量感的表现

物体的重量带给人的视觉感知即为量感,更多的是在视觉心理上所产生的量感,如物体的大小、色调、质感、所处环境等都会产生不同的量感。在绘画表现中体积感和质感是造成物体量感的重要因素。

三、静物素描的观察方法

素描是一门要求眼、脑、手高度统一的技术性强的学科。素描静物的组合物体之间虽然从内在上具有一定联系,但组合物体之间在形状、色泽、质感、体积等方面毕竟有很大的差别,要想学习好静物素描,就要建立起整体观察、比较观察、立体观察、理解观察的观察方式,并在写生过程中加以分析和运用,培养科学有效的观察方法。

（一）整体观察

对描绘对象的整体进行全方位的观察,即物体的上下、左右、前后、穿插、转折等综合关系。只有通过整体的观察才能进行全面的分析和比较,从而获得正确的认识。它是贯穿于绘画始终的最基本的观察方法。

（二）比较观察

比较是认识和表现客观对象的重要方法。只有通过比较才会产生对比,画面才会有丰富的审美样式,画者只有通过比较才能掌握对象诸种因素的相互关系,如大小、高矮、宽窄、前后、明暗等对比关系。

（三）立体观察

在观察对象的过程中,要有立体概念和意识,整体和局部、局部与局部之间,形体之间或形体本身各部位的空间位置、距离、大小,能够在任何角度都能正确地表现对象的立体空间关系。立体观察和立体表现是基础素描中必要的训练内容。

（四）理解观察

绘画依赖的是人的形象思维方式,通过观察获得感性认识,但是感性认识的获得是建立在理性分析和理解的基础上。感性和理性相结合,才能摸清物体的表面现象和其内在本质之间的关系,从而掌握基本的形体结构特征,理解其空间存在的方式。

四、静物素描的结构画法

（一）静物素描结构画法的要点

作为初学者,从几何形体素描向静物素描转变,要注意以下几个方面:

(1)分析认识生活静物写生与几何形体写生的区别和联系。

(2)始终以表现和分析物体的形态结构为主,明暗为辅。

(3)局部入手,整体观察,确定大的形体比例和构图。

(4)全面分析物体的形体比例、结构特征、转折衔接(上下、左右、前后)与透视关系。

(5)用丰富、生动、流畅的线条表现物体前后虚实、形体穿插关系,进而再现物体的形体结构和空间体积特征。

(二)单体静物素描画法

步骤一 要观察对象的基本特征、属性、结构状态,根据画面定出物体的最高点、最低点,用长直线分割物体的高宽比例及形体转折,画出物体的外形轮廓(如图 2-40 所示)。

图 2-40 外形轮廓

步骤二 根据物体的形体特征、结构,用短直线切割长线,使物体的形体不断量化、具体化,先方后圆(如图 2-41 所示)。

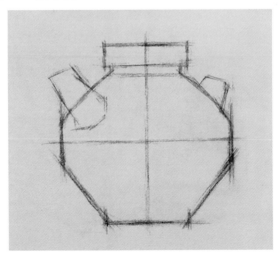

图 2-41 形体量化、具体化

步骤三 以结构为主,从前后、左右、轻重、虚实、主次关系入手刻画,概括物体的局部细节和明暗交界线(如图 2-42 所示)。

图 2-42 概括细节

步骤四 反复观察,全面比较,从形态比例、体面转折、形体穿插、线条层次等方面反复调整画面,使线条在空间结构上有丰富的层次变化,体面转折线的深入刻画,使物体更具立体感,画面更加统一(如图 2-43 所示)。

图 2-43 调整画面

（三）单体静物素描画法范例

单体静物素描画法范例(见图 2-44)。

图 2-44 单体静体素描范例

（四）组合静物素描几何画法

步骤一 构图。分析形体之间的组合关系，确定画面构图、静物的重心和动势，立足整体，用长直线画出整个静物的外形轮廓连线（如图2-45所示）。

图2-45 构图

步骤二 秩序。从整体出发，注意各个物体前后、上下、左右等空间穿插关系及远近虚实变化，画出大体的形体结构、比例和透视关系，使静物组合整体和局部关系协调统一（如图2-46所示）。

图2-46 秩序

步骤三 明暗交界线。以线为主，在表现物体结构关系的同时，找出形体组合的明暗交界线及阴影部分,特别注意静物大多是不规则形,强调线条的概括力(如图 2-47 所示)。

图 2-47　明暗交界线

　　步骤四　调整完成。对照静物实体,观察比较,从形态比例、体面转折、形体穿插、线条层次等方面反复调整画面,使画面形成由前到后、由实到虚、由主到次的秩序美(如图 2-48 所示)。

图 2-48　调整完成

(五)组合静物素描几何画法范例

　　组合静物素描几何画法范例见图 2-49、图 2-50。

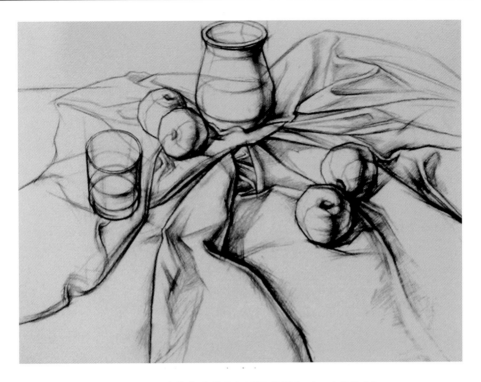

图 2-49　组合静物素描几何画法范例（一）　（李建文）

图 2-50　组合静物素描几何画法范例（二）　（朱秋颖）

五、全因素静物素描的明暗画法

（一）全因素单体静物素描的明暗画法

步骤一　选择一个合适的角度,在整体观察、分析、比较的基础上,用长直线分割画面空间,画出物体的形体轮廓(如图 2-51 所示)。

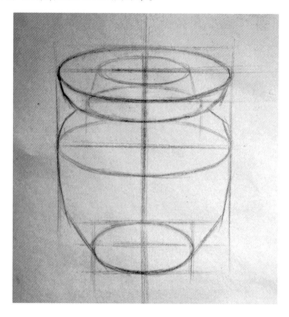

图 2-51　画出轮廓

步骤二　进一步对形体、比例、透视、结构进行对比调整,然后铺大体的明暗色调,关键是明暗交界线要概括准确生动,这是突出物体的立体空间感的重要因素(如图 2-52 所示)。

图 2-52　对比调整

步骤三 深入刻画,在整体—局部—整体的反复对比和表现过程中把握形体关系。根据物体的前后、转折关系,结合背景色调,物体的轮廓线要虚实相映、强弱有致,使物体的明暗关系产生微妙的变化(如图2-53所示)。

图2-53 深入刻画

步骤四 统一调整,对画面局部的深入刻画可训练敏锐的观察力和细腻的表现力。统一调整的目的是提高画面整体效果,即画面层次丰富多变而不零乱,局部生动又不脱离整体(如图2-54所示)。

图2-54 统一调整

（二）全因素单体静物素描明暗画法范例

全因素单体静物素描明暗画法范例见图 2-55、图 2-56。

图 2-55　全因素单体静物素描明暗画法范例（一）　（慧卉）

图 2-56　全因素单体静物素描明暗画法范例（二）　（王倩）

（三）组合静物素描的明暗画法

步骤一　起稿构图。落笔前，要对对象从比例、结构、动势、透视等方面作一概括了解，画出大的轮廓比例（如图 2-57 所示）。

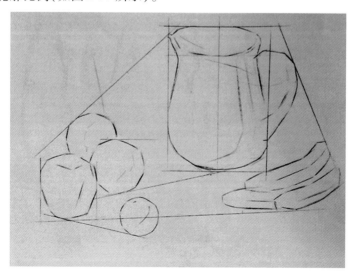

图 2-57　起稿构图

　　步骤二　形体结构。准确画出大框内的每个物体的形体结构、比例、透视关系以及明暗交界线（如图 2-58 所示）。

图 2-58　形体结构

　　步骤三　明暗关系。从明暗交界线入手，把物体的暗面及阴影部分表现出来，整体呈现两大面关系（如图 2-59 所示）。

图 2-59　明暗关系

　　步骤四　深入刻画。从整体出发注意静物的前后、远近及虚实变化。深入刻画形体局部细节，使物体有较强的质感和量感，在表现细节的同时，注意把握好局部和整体的关系，要做到局部服从整体（如图 2-60 所示）。

图 2-60　深入刻画

步骤五　调整完成。从形态比例、体面组合、形体穿插、色调对比、空间层次等方面反复对比,整体调整直到完成(如图 2-61 所示)。

图 2-61　调整完成

(四)组合静物素描明暗画法范例

组合静物素描明暗画法范例见图 2-62、图 2-63。

图 2-62 组合静物素描明暗
画法范例(一) (刘志红)

图 2-63 组合静物素描明暗
画法范例(二) (石好为)

实训一 几何形体写生

一、立方体写生

1. 实训目的

立方体是最为典型的六面体,通过实训,掌握立方体的造型规律,初步掌握立方体的结构画法。

2. 实训工具材料

铅笔(HB ~ 4B)、素描纸、画板、画架、橡皮、美工刀等。

3. 注意事项

(1)结构画法,立方体的各条棱边线必须服从透视规律。

(2)简单画出白色石膏不同面,由于受光角度不同所呈现的不同深浅调子。

二、球体、圆锥体、棱柱体写生

1. 实训目的

通过球体、圆锥体、棱柱体实训,掌握球体、圆锥体、棱柱体的各部位的比例、结构、方向以及穿插与衔接关系。掌握整体观察、整体表现的方法。

2. 实训工具材料

铅笔(HB ~ 4B)、素描纸、画板、画架、橡皮、美工刀等。

3. 注意事项

（1）结构画法，以线为主，塑造形体结构、空间关系，训练学生对形体、比例、结构和透视的理解与表现。

（2）注重量感，注意画面整体效果。

三、圆锥结合体（侧置），球体，立方体，圆柱组合写生

1. 实训目的

通过石膏几何体组合的实训，掌握石膏组合体的各部位的比例、结构、方向以及穿插与衔接关系，掌握各几何体的透视规律。

2. 实训工具材料

铅笔（HB～4B）、素描纸、画板、画架、橡皮、美工刀等。

3. 注意事项

（1）明暗画法，线面结合，以面为主，画出物体的质感、量感。

（2）注重量感，注意画面整体效果，突出主体。

实训二　静物素描写生

一、赭红色陶罐，球体组合写生

1. 实训目的

通过静物素描写生，掌握较为复杂的景物各部位的比例、结构、方向以及穿插与衔接关系。掌握整体观察、整体表现的方法。

2. 实训工具材料

铅笔（HB～4B）、素描纸、画板、画架、橡皮、美工刀等。

3. 注意事项

（1）结构画法，以线为主，塑造形体结构、空间关系，训练学生对形体、比例、结构和透视的理解与表现。

（2）明暗画法，注重对形体、透视、结构和明暗的表现。

（3）结合球体的明暗关系来表现罐子的色调，同时注意它们的区别。

二、黑色瓷罐，白色碟子，水果若干组合写生

1. 实训目的

通过静物素描写生，掌握较为复杂的景物各部位的比例、结构、方向以及穿插与衔接关系。掌握整体观察、整体表现的方法。

2. 实训工具材料

铅笔（HB～4B）、素描纸、画板、画架、橡皮、美工刀等。

3. 注意事项

明暗画法，在形体、比例、透视、结构把握准确的基础上，仔细观察、对比物体间的色调

层次关系,强调学生不要陷入个体色彩的追求中,而忽视对整体明暗空间体积关系的把握。

第四节　园林风景素描

风景画是以描绘室外景物为内容的一种绘画形式。素描风景画借助单色线条或块面来塑造物体的形象,是彩色风景画的基础,同时又是独立的艺术形式。通过自然风光的描绘,不仅可以抒发和表达画家的情感,训练更扎实、更丰富的绘画技法,同时还可以激发人们对生活、对自然的热爱之情。园林风景素描主要是借助素描手段,描绘和表现园林风景的绘画形式。

针对园林技术专业的特点,园林风景素描的主要表现内容和形式包括:园林景观的单体物象(园林建筑类、植物类、山石水体类);中国传统园林景观(北方皇家园林、南方私家园林);西方传统园林景观;现代景观设计与创作的素描表现。这里着重介绍园林景观环境和景物要素的画法(如图2-64、图2-65所示)。

图2-64　园林风景素描(一)　(严健)

根据园林设计学科的专业需要,应抓住以下两个基本问题:

第一,根据风景素描的自身规律,强调艺术性,提倡绘画风格的多元化和多样性。

第二,根据园林景观设计的技术要求,注重风景绘画的表现力与说明性。

一、园林建筑的基本形象特点与画法

园林建筑是风景画中常见的形象要素,或作为画中的点缀,或作为写生的主题,都是风景写生训练的重要课题(如图2 66所示)。

园林建筑包括厅、堂、馆、楼、阁、轩、榭、舫、亭、廊等。这些个体通常是园景的主体或焦点,除了具有自身实用功能外,还具有组景、点景的作用,也是观景点。因此,在形态、色度、尺度、风格上要与园林主题及周边环境协调统一。

图 2-65　园林风景素描(二)　(严健)

图 2-66　园林建筑风景素描(一)　(刘涛)

(一)园林建筑的表现

园林建筑作为园景的主体或焦点,要考虑的是如何使它突显,常用的方法如下:

控制画面的是明暗调子,也就是"黑、白、灰"的画面构成关系。构成画面的前景、中景、背景,每个区域都归属于一个大调子"黑、白、灰"其中之一。在画面组合上以主体建筑的色调决定画面的构成关系。

　　要画投影。没有投影的建筑是不真实的,尽可能使每个明暗分区都能贯穿画面,创造出彼此搭配的趣味形状,可加长、缩短投影以丰富构图。总之,以投影来烘托主题是很好的表现方式(如图 2-67、图 2-68 所示)。

图 2-67　园林建筑风景素描(二)　(刘涛)

图 2-68　园林建筑风景素描(三)　(刘涛)

(二)背景建筑的表现要点

　　在园景透视图中,有些建筑的绘入只是为了说明此园景的特定环境空间。而建筑本身不是表现的主题,是背景。

　　以画面的需要为出发点,围绕主题的需要来决定建筑的取舍,一般只是将建筑作简单描绘。但"简单"不是随便,而是要画出建筑主要的框架结构,结构要清晰,符合透视规律(如图 2-69 所示)。

　　根据画面效果需要,应详细刻画背景建筑,在不分散主题的前提下,可通过降低背景建筑的明暗度来增强画面效果,以此衬托主题。

图 2-69　园林建筑风景素描（四）　（刘涛）

（三）建筑物表现的注意事项

1. 注意透视关系

风景绘画必须牢记以下透视的基本规律，才能更好地表现建筑物（如图 2-70 所示）。

图 2-70　园林建筑风景素描（五）　（Stanley Maltzman）

（1）近大远小的规律（即同样大小的物体，根据它们离观测者的远近程度而逐渐由小变大）。

（2）远处延伸的平行线消失于一点（地平线即视平线），相互平行的水平线，消失点都在地平线上。

（3）视平线以上的物体近高远低，视平线以下的物体近低远高。

（4）正常视域范围（视角 60°）内的物体最为自然，超过正常视域的物体会有变形的感觉。

2. 注重立体感

要表现建筑物的立体感，轮廓比例要准确；明暗交界线应清楚；划分大体明暗时，各种关系要画准；屋顶、墙面、地面、受光、背光都要交待清楚。对门窗、瓦垄、砖缝等细节，稍有反映即可。

3. 强调质感表现

要真正反映建筑物的特点,除透视正确、有立体感外,还要有质感。高大楼房和乡村小院、砖墙与土墙、瓦房与茅屋等,不同的质感特征,不同的表现方法,将给画面带来丰富的变化,增强感染力(如图2-71所示)。

图2-71　园林建筑风景素描(六)　(刘涛)

二、园林植物的基本形象特点与画法

(一)树木

以植物为设计素材创造景观是园林设计所特有的。植物是园林景观的四大要素之一,植物的表现自然是透视图中不可缺少的一部分。

植物大致可分为乔木、灌木及草本三类,各种植物都有各自的形态和特点。植物画得好坏直接关系到设计意图的表达和画面效果的优劣。

画树,必须先"了解"和"认识"树,最好的办法是到自然中去仔细观察,了解其生长规律和形态特征。树木一般可分成五个部分,即根、干、枝、梢、叶;从树的形态特征看,有缠枝、挺干、屈枝、细裂、节疤等;树叶有"互生"、"对生"和"轮生"的区别;树干皮纹有"鱼鳞纹"、"豆瓣纹"、"横纹和解索纹",等等。

画树的方法总的来说有两种,一是西式画法,即以光影形式表现树的体积、形态;二是中国画中以线造型为主的形式来表现树的姿态、神韵。光影画法真实感强,而线描画法则生动爽健。画树基本就是以这两种形式作为基本的表现方法(如图2-72、图2-73所示)。

在画中景、远景的树时,一般采用光影的画法,将树视为一个整体,按不同的树种将其归类分为柱形、锥形、伞形等基本形体,画出其在阳光下的效果,目的在于表现树的体积和整体树形(如图2-74所示)。

在画近景的树时,以表现树枝、树干穿插关系为主(如图2-75所示)。表现要点如下:

●清楚表达枝、干、根各自的转折关系;

●画树干上下多曲折,不要单用直笔;

●嫩枝、小树用笔可稍快且灵活,老树结构多,显苍老;

●用笔用线要有节奏感。

图 2-72　园林风景树木素描(一)　(Stanley Maltzman)　图 2-73　园林风景树木素描(二)　(刘涛)

图 2-74　园林风景树木素描(三)

图 2-75　园木风景树木素描(四)　(Stanley Maltzman)

　　"树分四枝"是指一棵树应有前后左右四面伸展的枝梢,方有立体感。树分四枝当然不是指绘制时平均对待,只要懂得四面出枝的道理,即使只画三两枝,树也有四面感,树枝也有疏密感(如图 2-76 所示)。

整幅画表现技法应该统一（如图 2-77 所示）。

图 2-76　园林风景树木素描（五）　（刘涛）　　　图 2-77　园林风景树木素描（六）　（刘涛）

（二）花草

表现花草需了解花草，但花草形态及名称实在太多，需要借助花草的参考书来了解。花草的生长形态大致可分为直立型、丛生型、匍匐型、攀缘型等（如图 2-78 所示）。

图 2-78　园林风景花草素描（一）　（严健）

在园景素描中，花草多为片植，也有点状点缀的盆栽，有趣味的爬藤，有球状或块状的绿篱，孤植则较少。因此，在表现整片花草时，边缘线就是表示花草的厚度，对其作整体处理，这样可使画面统一；若花草作为前景时，在边缘明暗交界处的花草就需细致刻画，让画面有精彩之处。对于盆栽的表现，中景可概括处理，前景则细致刻画，以光影画法为佳。

攀缘植物多应用在花架或建筑物高处边缘，因而应尽量表现其攀缘形态及长短趣味性，以高低起伏的形态及参差不齐的叶子为主，同时注意植物对花架或建筑物边缘的部分遮挡。

　　绿篱多为灌木,经过人工修剪的绿篱整齐美观,表现时应注意体现其立体感。画绿篱要注意的有以下几点:

　　(1)勾勒阴影部分的叶子;在受光部画些缝隙;植物虽然经过修剪,但轮廓线并非平直,由于植物的生长特性,下部枝叶少,修剪后也呈不规则状,应用阴影将其表现出来。

　　(2)不论树、花草还是绿篱,在绘制时都必须注意疏密、聚散、开合、呼应等。线条要讲究美感,注意变化与统一(如图2-79、图2-80所示)。

图2-79　园林风景花草素描(二)　(严健)　　　图2-80　园林风景花草素描(三)　(严健)

三、山石、水体的基本形象特点与画法

(一)山石

　　我国的自然山水园林大多具有"无园不山、无园不石、叠石为山、山石融合、诗情画意、妙极自然"的特点。凝聚了自然山川之美的山石,大大加强了园林空间的山林情趣。山石以其独有的形状、色泽、纹理和质感,成为构景的要素之一。常用的石材有太湖石、黄石、石笋、黄蜡石、钟乳石等。

　　中国画中所说的"石分三面"说的是把一块石视为一个六面体,经过勾勒其轮廓,将石的左、右、上三部分表现出来,这样石就有了立体感。要表现石棱峥的质感,用笔要作适当的顿挫曲折,所谓"下笔便是凹凸之形"其要旨便在于此(如图2-81所示)。

　　表现石的结构是通过对其光影的描绘来实现的。不同的石材有不同的形态、纹理,表现时最好有相应的参考资料,也可参考传统国画中画山石的皴法(如图2-82、图2-83所示)。

(二)水体

　　"仁者乐山,智者乐水",水景是园林景观的一部分。中国人理水,西洋人玩水,现代园林中的水景两者兼而有之,有自然或人工形成的湖、塘、渠、瀑布、喷泉、跌水、水幕等。

图 2-81　园林风景山石素描（一）　（宫晓宾）

图 2-82　园林风景山石素描（二）　（严健）

　　水景在园景的运用，就是在利用水的特质：水的柔弱使山石更刚健；水的倒影、粼粼波光营造飘渺、浮动、闪烁的景象。水的流动贯通了空间，它隐现莫测、虚实相兼、曲折有情，因而成为园林艺术不可或缺的造景要素（如图 2-84 所示）。

　　画水，就是画它的特质，画它的倒影，画它的流动，画它的波光粼粼，画它的激情洒脱。

　　水是透明的，但在阳光照射下却是千变万化。水作为反射面，表现水就要画倒影。水面很少平如镜，多少有些波纹就会使倒影变形。

　　通常水是蓝色的，因为反射了蓝天，如果大面积的反射，或临近的物体有较艳的色彩，水的波纹就须有反射物体的颜色了。描绘倒影不必过于精细，画出"流动感"即可，因为过于精细的倒影刻画反而会分散主题。

　　水具有流动性，表现水形就是要表现水的载体和周边环境，可以借助水纹的多少表现

图 2-83 园林风景山石素描（三） （Stanley Maltzman）

图 2-84 园林风景山石水体素描 （严健）

水流的急缓。

画喷泉、水幕等喷洒状态下的水，要高度地提炼和概括，最好参考资料照片。此时的水在高压或在大落差的重力作用下，水体充满气泡，或散落成粒粒水珠，就是我们所看到的白色水花。

（三）人物画法

人物在园林风景画中是为了点景，作用有三点：其一可以以人为尺度，由人物的大小比例类推环境规模；其二表达被表现物体的性质与功能；其三点缀画面，使之有情趣，令画面生动活泼（见图 2-85）。

园林风景画中的人物大致可分为前景人物、中景人物和远景人物。

前景人物——因为处于前景，在处理时可注重装饰性，譬如在画面较密集的情况下，只勾勒人物的轮廓线，有意省略留白；也可以表现得较详细；画前景人物所需的画面面积较大，所以也可以用于画面的补缺或遮挡。在一般视点情况下，前景人物多采用半身的动态造型。

图 2-85 园林风景人物素描(一) (严健)

中景人物——透视图中用得较多,也是较难表现的。因为表现的是整个人物的动态,还需要配合情节刻画,表现时应注重形体弱化细节,甚至面部表现都可以简单些。

远景人物——主要是为了表达空间延续、画面点缀及活跃气氛,表现出人物的大致动态即可。

园林风景画中的人物表现,要注意表现的要点,注意动态,也要适当强化服饰特征以及人物的精神气质。

1. 表现人物要点(如图 2-86 所示)

(1)人物透视的比例运用是否正确。

(2)人物造型与环境是否搭配。

(3)人物的表现与情节描绘对画面的影响,以免影响主题的表达。

图 2-86 园林风景人物素描(二) (严健)

2. 人物的刻画

在刻画中景、前景人物时，需要表现得较为精确与逼真，人体的比例、尺度及形状是表现的关键。人体比例，常以头高为单位。人一般身高为七个半头高，透视图为了美观常把人画为八倍头高。为了在画人时定出比例点，一般定出顶点、底点，然后二等分，再四等分，四等分的上、中、下三点分别为乳头、胯部、膝关节。对最上段平分，就能确定出头部的位置。

四、园林风景写生的方法步骤

（一）选景与构图

初画园林风景，要从简单到复杂，从个体到群体，从局部到整体。如先选择一个树枝、一段树干，再到一棵树、一片树林，再逐渐过渡到各种景物要素共存的场景（如图 2-87 所示）。

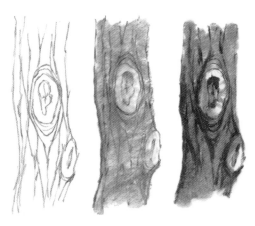

图 2-87　园林树木素描步骤　（刘涛）

室外选景时，要多走、多看。在走的过程中，不断选择美、提炼美，选择自己认为美的风景构图，选取其中最有感受又富于画意的一部分来表现；面对纷杂的景物还要善于概括、取舍。为了取景的方便，可以借助取景框，通过取景框的前后左右移动，以取得理想的角度，形成完整的构图。

安排画面时，要按主题的需要，把构图的规律和实际景物结合起来，画面要求主次分明、层次清晰。风景的构图一是要完整、稳定；二是要具有鲜明的美感。其基本的形式可有以下几种：平行垂直线构图、平行水平线构图、平行斜线构图、对角线构图、十字架构图、S 形构图、起伏线构图、楔形构图、三角形构图、辐射线构图等。

（二）打轮廓

在室外写生要从大体着手，把前后不同距离的景物看成是一个有机统一的整体，做全面整体的观察，合理安排构图。首先，在画幅上定出地平线的位置，同时考虑视平线和地平线的关系。用几根简练的线条勾出景物的大体轮廓及其布局，并检查构图、比例、透视等是否准确。轮廓画好后，在统一的时间内，画出各景物的明暗交界线和投影（如图 2-88 所示）。

图 2-88　园林风景素描写生　（Stanley）

（三）画大色调

运用比较的方法观察景物的色调差别,从大体着手,从主体开始,从大面积画起,着重表现景物的大体明暗,表现出景物远、中、近景的空间关系。

（四）深入刻画

从细部入手,照顾整体。首先刻画中景,中景是风景写生的重点。和远近景相比较,中景的色调变化最丰富,景物的轮廓清晰、实在,应仔细刻画。刻画中景要准确把握远、中、近大块色调的对比关系。

对于近景的刻画,要根据画面主题的需要而定,如果画面以近景为主题,当着力刻画。和远景相比,近景则更清晰、具体,色调上深浅色对比更明显（如图 2-89 所示）。

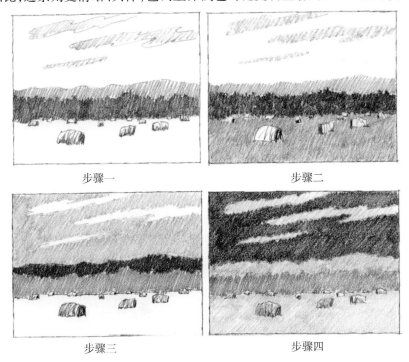

步骤一　　　　　　　　　步骤二

步骤三　　　　　　　　　步骤四

图 2-89　园林风景写生步骤

（五）统一调整

这一阶段,主要是从画面主题和意境出发,作全面调整和加工修改,使画面中心主要部分更突出、更具体细致一些,景物的立体感、色彩空间感更强(如图 2-90 所示)。

图 2-90　园林风景素描完成

五、园林风景素描写生应注意的问题

刚开始接触风景写生,或从事这项练习时间不长、经验不足,对选景、构图、取舍、色调等不能很好地把握,应对以下问题多加注意。

（一）选景与构图问题

风景写生中学生往往表现出选景盲目、目的意图不强等现象。面对开阔的视域、丰富的大自然,学生往往会感觉无从下手,而选景问题往往是导致构图困境的直接原因。构图上容易出现花、乱、空、平等问题。

选景与构图中学生应该注意做到:根据自己的能力、趣味,有目的、有意图地选景,并合理地安排在画面上,构图时应该多注意主次、远近、大小、虚实等问题。

（二）取舍与虚实问题

风景写生中学生常常会见到什么画什么,不管对象适不适合安排在画面上。在作画时总是平均对待画面的每一个角落。

遇到这样的问题,学生首先要有意识地把握并处理主要矛盾与次要矛盾,把握好主景与配景的关系问题。为了画面的松与紧、远与近,应处理好景物的虚实对比关系。

（三）色彩问题

自然界中的色彩非常丰富,丰富的色彩也往往成为干扰我们进行素描风景写生的因素。其实,任何色彩都有一个相对应的灰度,素描风景写生过程中,首先应该将户外的风景色彩与室内的静物色彩区分开来,注意风景色彩之间的相互影响与整体联系,注意色彩、色调的整体张力;其次是学习掌握一定的色彩知识,明确色彩与灰度的对应关系,防止出现脏、花等问题,同时注意色彩、色调的层次问题,重点是色调的整体与层次的合理,主次要分明。

总之,在风景素描写生中要注意以下几点:

（1）取景:选景时可用一个跟画纸比例相当的矩形框来取景,简单的方式就是用手指组成矩形框来取景,构图时注意所要表达的主体在画纸上不要太偏(左、右、上、下),不要过大或者过小(见图2-90)。

（2）形体结构:大的形体结构要准,这是素描最基本也是最重要的要求之一。例如,画一幅有建筑的风景,首先绘出建筑的形体,透视要准,按照由主到次、由大到小的顺序画。

（3）明暗调子:明暗交界线是素描的灵魂,调子是素描的重要要素,通过黑、白、灰三大调子的合理运用,可以充实地表现客观景象。一般在风景画里,调子对比关系是远弱近强。

（4）虚实:无论是结构还是调子,空间的远近、物象的主次主要都是由画面的实虚来表现的,近处的、主要的物象要画的具体、写实些,远处的、次要的物象要画的概括、概括些(见图2-92)。

（5）线条:在风景画中,近景笔触细且重,远景笔触粗且轻。对于素描写生,特别是风景素描,有一则口诀希望能对学习素描有所帮助:

素描五大忌,灰花板腻脏;

黑白灰上调,灰间找奥妙;

重在物对比,其记画面中;

实物固重要,效果是王道;

结构要精准,虚实要分清;

点线面其道,终为最终效;

大关系明确,细节论成败。

风景画的功能如下:

（1）练习性的写生。

（2）搜集创作素材的手段。

图 2-91　风景画素描(一) （Stanley Maltzman）

图 2-92　风景画素描(二) （Stanley Maltzman）

（3）以风景素描作为创作草图。

（4）独立画种。

第五节 风景速写

风景速写,是将自然中的所见所感快速、简要地表现出来的一种绘画形式。其描绘的对象为自然风光,如山川河流、树木花草、房屋建筑等(如图 2-93 所示)。

图 2-93 建筑风景速写 (刘涛)

"速"即为速度,通常理解为"快"。然而"快"与"慢"并非绝对,一张风景速写,可以在一二分钟内写就,亦可在一二小时甚至更长的时间内完成,因此对风景速写的认识,不能简单地理解为"快",而应根据不同对象及不同的表现形式来决定。

"写"为写生,是作者表达在自然生活中的所见所感,也是指作画时用笔的具体要求,即概括、简练和肯定。"写"最能神形兼备地表现景物,最能体现作者的情感,最能显示速写本身的艺术魅力。

因此,画风景速写,既要把握"速"字,更要注重"写"字。写是速写的核心与目的,"速"则是服务于"写"的手段与方法(如图 2-94 所示)。

要画好风景速写,除了要经常深入到大自然中去不断积累、勤学苦练外,有三个环节是至关重要的,即一需眼观、二要心悟、三靠手写。

图 2-94　草、石速写不同表现方法　（Stanley Maltzman）

一、画好风景速写的重要环节

（一）眼观：认识和了解

大自然五彩缤纷，自然之美为大美，换言之，自然界中美无处不在。但初画风景速写往往会有两种困惑，一是不知该画什么，二是什么都想画，却不知如何处理。这就首先需要先训练、提高敏锐的观察力，根本的做法是要经常走进大自然中去观察、去感受，在平凡的景物中捕捉到生活中某个生动的侧面，抓住表现生活内容的典型事物；同时，还要善于在纷繁复杂的自然景观中抓住那最动人的场面，抓住能表现自然景观及画家情感的最主要的部分。同样一个景，在不同的位置欣赏就有不同的美感，从不同的角度去描绘就有不同的效果，所以培养一双审美的眼睛，是画好风景速写的基本保证。只有首先感受到美，才可能激起去表现它的欲望，也才可能通过立意、取景、构图，刻画成为一幅优秀的风景速写作品。

（二）心悟：感受及情思

风景速写并非摄影一般纯客观地描摹对象，作者在表现客观世界的同时必然要渗入自己的主观感受。在实际写生中对自然景物的概括与提炼，对素材的取舍与添加等都源于此。这种感受一半源于眼观，一半则得自心悟。人目之见，则心有意。眼观、心悟结合，则为风景速写中的观察方法——"悟对"。眼观只能取其形，"悟对"方能生其情。

风景速写虽是表现自然景观，但同样要强调表现意境及情趣。这就需要除了对生活中的自然现象有敏锐的观察能力外，还应具有深刻的领悟性，要善于理解和发现其有意趣的生活内容及自然景观中的意境与情趣。而这些，有的需要作者用心去捕捉，有的则需要在表现中着意铺设。一幅优美的风景速写画，所表现的应是情景交融的意象，所体现的则是物我相融的境界。

（三）手写：技法与表现

绘画最终还得靠表现技巧和能力，手写是风景写生中最为实质性的一个环节。即使有一双善于发现美的眼睛，对自然景物也有超人的感悟能力，如果无法表现出来，也只能面对大自然空发感叹，画好风景速写只能是纸上谈兵而已。手写是具体技法的表现，不同的技法可以呈现出不同的审美效果。如同样是线，有的轻松、有的凝重，有的流畅、有的滞涩，有的纤细、有的厚实，有的柔、有的刚，有的缓、有的急，等等。因此，不同的对象，应采取不同的技法去表现。

在自然景观中，包含着诸多相互对立的关系，如形意、主次、虚实、动静、疏密、大小、长短、轻重、曲直、前后、高低等。画风景速写，也就是要运用不同的技法将这些对立的关系统一起来，使之达到形意相依、主次相应、虚实相生、动静相衬、疏密相间、大小相成、长短相连、轻重相宜、曲直相结、前后相随、高低相倾的一种相互作用、相依相存的关系，使之内容、意境、情感高度统一与完美。

一幅风景速写品位的高低，除了技法以外，还取决于作者的修养及作画时的立意构思。立意要高，构思要巧，技法要活。画重技法，但无定法，无法乃为至法。因此，表现技法要因景而变、缘情而化。

要画好风景速写，除了上述三个环节之外，还要注意多临摹，注重从前辈大师的优秀作品中得到启示，找到一种适合于自己的技法。不积小流，无以成江河，没有足量的技能训练，画好风景速写只能是一句空话，只要我们不断地到大自然中去体验，多练习，就一定能画出优秀的风景速写作品。

在各种速写中，风景速写的难度较小，因为自然景物本身是相对静止不动的，除了气象有变、时辰有别会使景色产生阴阳隐现的不同以及风吹草动、水起涟漪之类的局部变化以外，自然物体本身不会产生位置的移动，这就使我们有较多的时间选择作画角度，确定构图，描绘和润色加工。只要认真观察，用心描绘，画好风景速写并不十分困难（如图 2-95 所示）。

图 2-95 草、石速写 （Stanley Maltzman）

二、风景速写的一般方法步骤

(一)取景

取景是艺术创作的组成部分,其道理与摄影师取景相同。取景的角度与范围关系到画面效果。没有经验者可动手制作一个取景框,用它帮助观察和选景,可以明确地选出理想的角度,形成完整的构图。所谓理想(或最佳)的角度,一是有利于确定所画对象,二是有利于确定画面透视(如图 2-96 所示)。

线条勾形　　　　　　　　　　　　　外形描绘

细部刻画　　　　　　　　　　色调+黑色表现空间

图 2-96　风景速写步骤

确定所画对象(即确定画面内容和主体)要根据自己的爱好、兴趣和感受,选择自己最想画的那部分景色。一定要注意观察、注重感受,切勿盲目地坐下就画、见什么画什么。应该通过风景速写练习,达到既学习表现技法又提高审美能力的目的。

角度确定后,要确定视平线在画面中的位置。视平线在画面的中间是平视构图,在画面的上方是俯视构图,在画面的下方是仰视构图。

(二)构图

首先要安排视线的位置和主要形象的轮廓。为了集中反映主要形象,可以把某些次要形象省去,或在合理的范围之内在画面上改变它们的位置,使构图更加理想,主要形象更加突出。

风景速写比其他素描形式更能培养和体现人们的构图能力。多画风景速写,可以对不同的构图形式所体现的不同对比因素和形式美感有更深刻的认识与理解(如图 2-97 所示)。

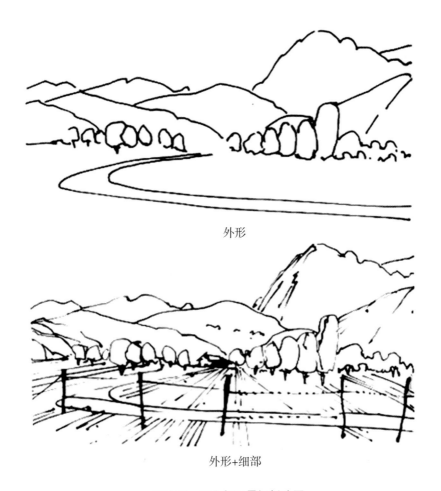

外形

外形+细部

图 2-97　远山与近景概括速写

（三）刻画

　　风景速写刻画的重点是主要形象,如果画面中出现近景、中景和远景,那么,近景是要重点刻画的主要形象,中景次之,远景再次。中景和远景应起衬托近景和烘托气氛的作用（如图 2-98 所示）。

近景　　　　　　　中景　　　　　　　远景　　　　　　整个构图

图 2-98　风景速写近景、中景、远景

要画好主要形象,重点是要认识其特征,力争做到"胸有成竹"。例如画山,首先要观察山的山势走向、高低远近,以及山峰间的沟谷结构,还要注意其是石质山还是土质山等特点,以便简练扼要、确切生动地表现对象;再如画树,不同的树种有不同的基本结构形象和不同的生长规律,首先要把握住树木的造型特点、树干的基本造型姿态,其次是把握树枝的生长位置和方向,然后是把握树叶的总体特点、形象和生长规律,这三者决定着树的结构形象;又如画建筑,建筑形象五花八门,包括亭、台、楼、阁等,由于用途不同、构成材料不同,它们的构造特点也各不相同。

风景速写的表现技法多种多样,可根据景色的不同特点采用不同的表现技法;但无论采用什么技法,速写多是一气呵成,或由前到后,或由主到从一遍画完(如图 2-99 所示)。

以上速写表明,改变画面的上部区域对比可以改变趣味

图 2-99　同一场景几种表现技法

三、风景速写的基本表现技法

(一)勾线法

勾线法近似中国画的白描画法。画面的色调层次用线条的疏密体现,一般只重形象本身的结构组成关系,不重其明暗变化,适合表现明媚秀丽的景色与情调。用钢笔画这种速写,线条清晰,效果更好(如图 2-100 ~ 图 2-103 所示)。

(二)水墨画法

水墨画法利用墨色的干湿浓淡、虚实相间,表现出云雾缭绕或空间宽广深远的山水及街景等。这种画法可使速写充满含蓄、神秘、意境浓厚的大气魄。

(三)线条和色调并重的画法

这种画法,线条有轻有重,有粗有细,有刚有柔,形成深浅层次和明暗韵味,可以反映不同形象的质感、美感及作者的激情。这种速写的特点是生动活泼,体现整体气氛而不拘泥于形象的某些细节,适于表现某些热闹的、动感很强的风景,如热火朝天的工地、喧闹的街景等(如图 2-104 ~ 图 2-106 所示)。

风景速写既要画准确,更要体现生动性和某种气氛、意境的美感,不能只追求简单的所谓准确。例如画一座楼房,如果像画建筑图那样用尺子打格画成,可能画得十分准确合理,但却毫无生气,缺乏艺术性(如图 2-107、图 2-108 所示)。

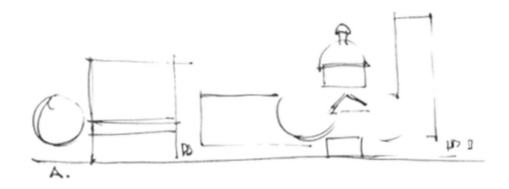

图 2-100　建筑速写步骤

图 2-101　树木表现技法

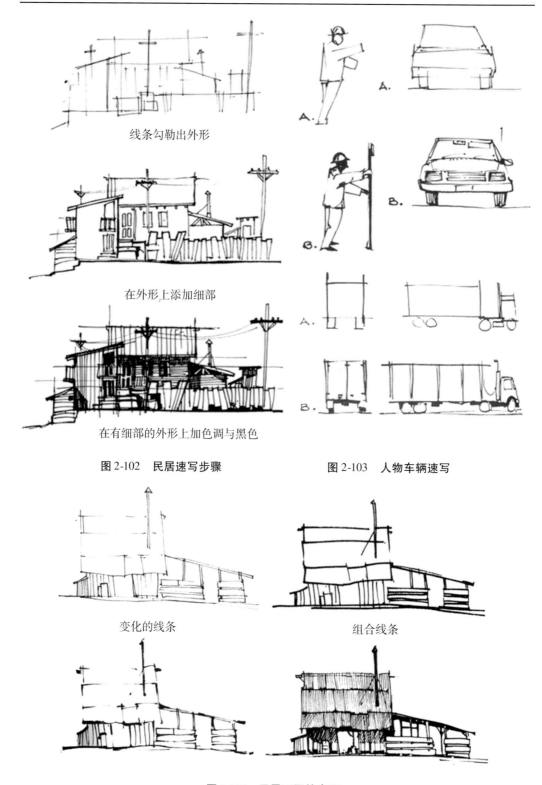

线条勾勒出外形

在外形上添加细部

在有细部的外形上加色调与黑色

图 2-102　民居速写步骤　　　　　图 2-103　人物车辆速写

变化的线条　　　　　　　　　组合线条

图 2-104　民居不同的表现

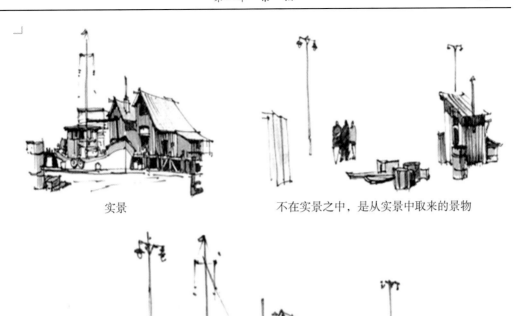

实景　　　　　　　　　　　　不在实景之中，是从实景中取来的景物

加上从附近借来的景物，实景的速写效果增强了

图 2-105　场景速写　（奥列佛）

用线条确定外体　　　　　　　　　　　　　　　再在外体上作细部描绘

外部　　　　　　　细部　　　　　　　色调　　　　　　色调+黑色

图 2-106　人物速写步骤

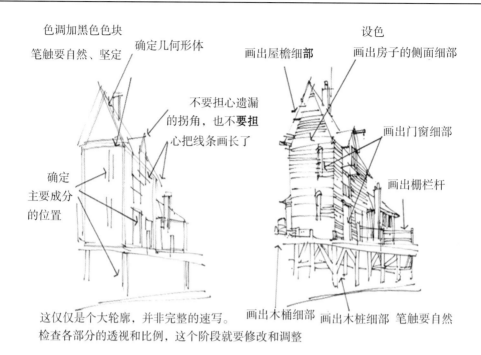

色调加黑色色块

确定几何形体

笔触要自然、坚定

不要担心遗漏的拐角，也不要担心把线条画长了

确定主要成分的位置

画出屋檐细部

设色

画出房子的侧面细部

画出门窗细部

画出栅栏杆

画出木桶细部　画出木桩细部　笔触要自然

这仅仅是个大轮廓，并非完整的速写。检查各部分的透视和比例，这个阶段就要修改和调整

图 2-107　风景速写步骤(一、二)

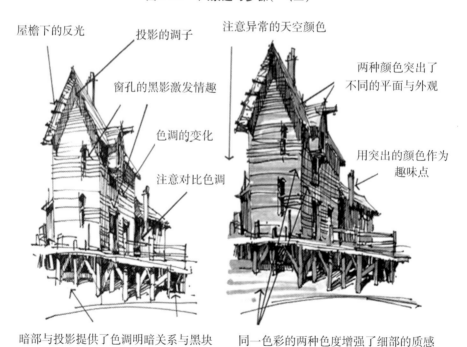

屋檐下的反光

投影的调子

注意异常的天空颜色

窗孔的黑影激发情趣

色调的变化

注意对比色调

两种颜色突出了不同的平面与外观

用突出的颜色作为趣味点

暗部与投影提供了色调明暗关系与黑块

同一色彩的两种色度增强了细部的质感

图 2-108　风景速写步骤(三、四)

实训三　园林风景素描

1. 实训目的

(1)学习风景构图知识,远、中、近景的处理方法和树木的表现方法。

(2)学习铅笔风景写生的方法和步骤,懂得如何区别主次进行概括。抓住重点,分清层次,能画一幅简单的风景画。

(3)鼓励学生关注社会、观察生活,提高自己的观察力和审美能力。

2. 实训工具材料

速写本或 A4 复印纸,4B ~ 8B 铅笔或速写铅笔。

3. 注意事项

构图、比例、透视、空间是风景画的重点。把握住整体与局部关系,首先应该确定画面的主体在画中的位置,依照透视原理,配以次景。自然界各种景物非常丰富,所以取景时一定要学会取舍,要有概括能力,提取所要表现主体的部分,舍去不必要的部分,塑造大体的明暗关系(如图 2-109 ~ 图 2-114 所示)。

图 2-109　园林风景素描(一)　(Stanley Maltzman)

图 2-110　园林风景素描(二)　(Stanley Malzman)　　　图 2-111　园林风景素描(三)　(刘涛)

图 2-112　园林风景素描(四)

图 2-113　园林风景素描(五)　(J. D. Harding)

图 2-114 某园林设计草图 （刘涛）

实训四　风景速写写生

1. 实训目的

(1)学习风景构图知识,远、中、近景的处理方法和树木的表现方法。

(2)学习铅笔风景写生的方法和步骤,懂得如何区别主次进行概括。抓住重点,分清层次,能画一幅简单的风景画。

(3)鼓励学生关注社会、观察生活,提高自己敏锐的观察力和审美能力。

2. 实训工具材料

速写本或 A4 复印纸,4B ~ 8B 铅笔或速写铅笔。

3. 注意事项

(1)取景构图:根据景物确定写生位置、视平线位置、依透视规律构图时,注重作品的完整。

(2)描绘主体的结构,结构是主体景物的骨架,因此对其准确地描绘非常重要。

(3)细节刻画,在以上的基础上,描绘主体结构及其他配景的细节。

(4)完整画面,深入刻画主体及配景细节,应注意节奏和疏密关系,以形成空间感,图2-115 ~ 图 2-119 为风景速写写生实例。

图 2-115　风景速写(一)　(刘涛)

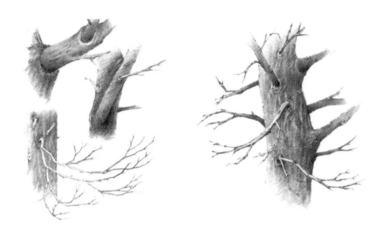

图 2-116　风景速写(二)　（J. D. Harding）

图 2-117　风景速写(三)　（严健）

图 2-118　风景速写（四）　（Stanley Maltzman）

图 2-119　风景速写（五）　（Stanley Maltzman）

第三章　色　彩

第一节　色彩的基础知识

色彩是核心的造型要素之一,理解色彩的形成与属性、色彩的对比与调和、色彩的混合、色彩的冷暖、颜色的搭配、色彩的情感和联想等相关知识,对于使用色彩这一造型语言表现物象有十分重要的意义。

一、色彩的形成

色彩分为光源色、固有色和环境色,三者相互作用、相互影响,共同形成了色彩的视觉形象。色彩的要素为明度、色相、纯度。

(一)光与色

没有光也就没有色,人们需要光才能看见物体的形状、色彩从而认识这个客观世界。光是什么? 光是没有颜色的吗?

从广义上讲,光在物理学上是一种客观存在的物质(而不是物体),它是一种电磁波。电磁波包括宇宙射线、X射线、紫外线、可见光、红外线和无线电波等,它们都各有不同的波长和振动频率。在整个电磁波范围内,并不是所有的光都有色彩,更确切地说,并不是所有光的色彩我们肉眼都可以分辨。只有波长在380 nm至780 nm之间的电磁波才能引起人的色知觉。这段波长的电磁波叫可见光谱,或叫做可见光。其余波长的电磁波,都是肉眼所看不见的,通称不可见光。如:波长大于780 nm的电磁波叫红外线,波长小于380 nm的电磁波叫紫外线。

对于可见光,1666年,英国物理学家牛顿做了一次非常著名的实验,他用三棱镜将太阳白光分解为红、橙、黄、绿、青、蓝、紫的七色色带。据牛顿推论:太阳的白光是由七色光混合而成的,白光通过三棱镜的分解叫做色散,彩虹就是由许多小水滴将太阳白光分解之后的色散效果。

而实际上,阳光的七色是由红、绿、蓝三色不同的光波按不同比例混合而成的,我们把红、绿、蓝三色光称为三原色光或者叫三光色。

图3-1为太阳光谱。

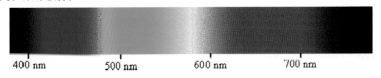

图3-1　太阳光谱

（二）固有色

人类很难确切地计算和表达出自然界到底有多少种色彩。自然界是缤纷复杂的，其色彩也五彩纷呈。天、地、云、海、树、石等，不仅有着不同的形象、质地，而且色彩也不尽相同。色彩总有一个基本的相貌特征，这就是固有色。我们在设计和绘画的过程中讲求固有色，更多的是指某一色彩相对稳定的特殊相貌，这对认识和把握色彩起到基础作用，也是世界上区分色彩的内在原因和依据。一般说来，固有色支配和决定着物体的基本色调，它们不会因光线投射的角度和周围环境的改变而改变，换言之，在光源色和环境色的相互影响作用下，固有色基本保持着自身独特的面貌特征。物体的固有色是我们识别色彩的第一依据。其实，物体固有色也不是绝对固定不变的，它也随着光源色、环境色（也称条件色）的变化而有所变化，只是自身的相貌基本不变（如图3-2～图3-4所示）。

图3-2　红苹果

图3-3　绿葡萄

（三）光源色

光是观察和识别物体的必备条件，离开光的作用，固有色就谈不上呈现，也就谈不上环境色的作用。没有光，自然界将变得黯然失色，也就谈不上识别各种色相了。通常意义上，我们以反光作为正常识别色彩的光线，自然万物都要受到这种光线的照射，吸收全色光中的某些光线，再从中反射出某些光线而显示出自身的面貌。

图3-4　黄橙子

不论黑、白、灰，还是红、橙、黄、绿、青、蓝、紫，自然界中很难找出纯真的色彩，这是由于固有色的存在和光线的强弱、角度、方向以及由此产生环境色的影响而形成的色彩使然。除了在实验室里用科学的方法可以得到纯真的本色外,自然界中是不可能看到纯真的本色的。色,只存在于物体固有的颜色相貌当中;彩,则是物体色、光源色、环境色三因素的共同反映。

在光源色色光照射下的物体,色光必须要统治或改变物体受光部分的色彩,光色的强弱、物体距离光源的远近,对物体表面的色彩变化影响巨大。这一点在作画时对色彩处理极为重要。

(四)环境色

世界是相互联系的,没有任何一件物体能够脱离周围环境的影响而孤立存在,色彩亦然,因此环境色被视为决定色彩的第三重要因素。总的说来,白色反射最强,所以受环境色影响也最大,以下依次是橙、绿、青、紫,而黑色则由于吸收所有光而不反射任何光,所以反射最弱。一切物体的固有色都不是孤立的,不但受光源色的影响,还受环境色的制约。

另外,表面光滑或物体间距离近的相互之间的影响较大,而物体的背光部分与受光部分相比受环境色影响明显增强。

(五)色彩透视

色彩透视是造型艺术遵循的基本透视变化规律之一。由于物体距观者距离不同,色彩也产生相应的透视变化,诸如暖色调的物体色彩近的暖而艳,远的物体冷且灰;青蓝类冷色物体色彩近的冷而艳,远的物体冷而灰。这就是色彩透视(空气透视)基本规律。造成这种现象的原因有:主观方面是人的视觉能力有一定限度,处于人视觉限度之外的物体会变得模糊或消失;客观方面是因为地球上的大气层并非真正的透明,其含有微小颗粒(灰尘,水蒸气,空气分子),所以视觉效果发生强弱、明暗和模糊、清楚的变化。

掌握色彩透视,有利于准确把握物体的形与色,以便于将设计意图完整、准确地表现出来,较为理想地表现出色彩的空间透视变化。

物体质感对色彩也有影响,不同的表面质感感光程度不同,反射光线也有规则和不规则之分。光滑表面反射出的光按照一定方向反射,称为正反射;粗糙表面反射出的光线是没有一定方向性的,称为漫反射。表面质感不同的物体,即使具有同样的一种色相和相同的固有色,反映出来的色彩也有区别。甚至有些表面过分光滑的物体,会因为反光太强而失去其固有色。换言之,只有在正常光照下,才能既看到物体的基本形状和固有色,又看到不同程度的反光和色彩。

在了解色彩形成的规律后,我们在进行园林绘画写生或创作、欣赏优秀的色彩作品时,就可以明白画面出现一些效果的科学原因,不会再有某些不在行的疑问了。园林绘画毕竟不是拍照,不是机械地描摹对象,它是通过绘画语言如色彩、笔触等来传达作者设计及表现意图的一门艺术。

二、色彩分类

在千变万化的色彩世界中,人们视觉感受到的色彩非常丰富,就色彩的系别而言,则可分为无彩色系和有彩色系两大类;无彩色系主要是不同明度的黑白色系,有彩色系主要是有色彩相貌的色彩。在有彩色系中,色彩可分为原色、间色和复色。

（一）原色

色彩中不能再分解的基本色称为原色。从理论上来说，原色能合成出任何一种其他色彩，其他色却混合不出原色。

色光的三原色为红、绿、蓝，颜料的三原色为品红（明亮的玫红）、黄、青（湖蓝）。色光三原色可以合成出所有色彩，同时相加得白色光（见图3-5）。

颜料三原色从理论上来讲可以调配出其他任何色彩，原色相混得到黑灰色，但由于颜料中除了色素外还含有其他化学成分和色料颗粒，因此颜料相混合时纯度就受影响，调和的色种越多纯度就越低，颜料三原色相加只能得到一种黑浊色，而不是纯黑色（图3-5所示为色光三原色）。

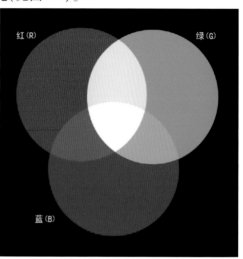

图3-5　色光三原色

（二）间色

由两个原色混合得间色。

间色也只有三种：色光三间色为品红、黄、青（湖蓝），颜料三原色即橙、绿、紫，也称第二次色。

两种色光相混得到白光或者两种颜料相混得到色彩，即为补色。无论色光还是色料，两种原色相混得到的间色刚好是另外一种原色的补色。

（三）复色

颜料的两个间色或一种原色和其对应的间色（红与绿、黄与紫、蓝与橙）相混合得复色，亦称第三次色。复色中包含了所有的原色成分，只是各原色间的比例不等，从而形成了不同的红灰、黄灰、绿灰等灰色调。

由于色光三原色相加得白色光，这样便产生两个后果：一是色光中没有复色，二是色光中没有灰调色，如两色光间色相加，只会产生一种淡的原色光，以黄色光加青色光为例：

黄色光 + 青色光 = 红色光 + 绿色光 + 蓝色光 = 绿色光 + 白色光 = 亮绿色光

三、色系

（一）有彩色系

有彩色系指包括在可见光谱中的全部色彩，它以红、橙、黄、绿、蓝、紫等为基本色。基本色之间不同量的混合、基本色与无彩色之间不同量的混合产生的千千万万种色彩都属于有彩色系。有彩色系是由光的波长和振幅决定的，波长决定色相，振幅决定色调。

有彩色系中的任何一种颜色都具有三大属性，即色相、明度和纯度。也就是说，一种颜色只要具有以上三种属性就属于有彩色系。

（二）无彩色系

无彩色系指由黑色、白色及黑白两色相混而成的各种深浅不同的灰色系列。从物理学的角度看，它们不包括在可见光谱之中，故不能称之为色彩。但是从视觉生理学和心理学上来说,它们具有完整的色彩性,应该包括在色彩体系之中。

无彩色系按照一定的变化规律,由白色渐变到浅灰、中灰、深灰直至黑色,色彩学上称为黑白系列。黑白系列中由白到黑的变化,可以用一条垂直轴表示,一端为白,一端为黑,中间有各种过渡的灰色。纯白是理想的完全反射物体,纯黑是理想的完全吸收物体。可是现实生活中并不存在纯白和纯黑的物体,颜料中采用的锌白和铅白只能接近纯白,煤黑只能接近纯黑。

无彩色系的颜色只有明度上的变化,而不具备色相与纯度的性质,它们的色相和纯度等于零。而色彩的明度可以用黑白度来表示,愈接近白色,明度越高;越接近黑色,明度愈低。

四、色彩属性

(一)色相

色相即每种色彩的相貌、名称,如红、橘红、翠绿、湖蓝、群青等。色相是区分色彩的主要依据,是色彩的最大特征。色相的称谓,即色彩与颜料的命名有多种类型与方法(图3-6、图3-7为色相环和色立体)。

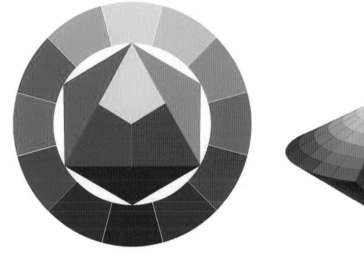
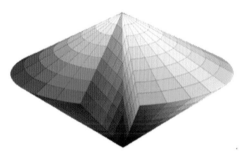

图 3-6　色相环　　　　　　　　　　图 3-7　色立体

(二)明度

明度即色彩的明暗差别,也即深浅差别。色彩的明度差别包括两个方面:一是指某一色相的深浅变化,如粉红、大红、深红,都是红,但一种比一种深;二是指不同色相间存在的明度差别,六标准色中黄最浅,紫最深,橙和绿、红和蓝处于相近的明度之间(如图3-8所示)。

(三)纯度

纯度即各色彩中包含的单种标准色成分的多少。纯色色感强,即色度强,纯度是色彩感觉强弱的标志。物体表层结构的细密与平滑有助于提高物体色的纯度,同样纯度油墨印在不同的白纸上,光洁的纸印出的纯度高些,粗糙纸印出的纯度低些,物体色纯度达到最高的包括丝绸、羊毛、尼龙塑料等(如图3-9所示)。

不同色相所能达到的纯度是不同的,其中红色纯度最高,绿色纯度相对低些,其余色相居中,同时明度也不相同。

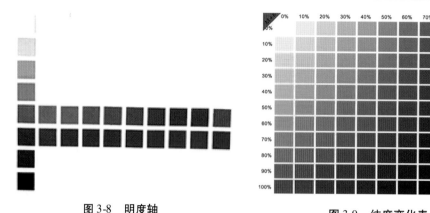

图 3-8　明度轴　　　　　　　　　图 3-9　纯度变化表

五、色彩的对比与调和

(一)对比

对比与调和也称变化与统一。如果画面色彩对比杂乱,失去调和统一的关系,在视觉上会产生不安定感,使人烦躁不悦;相反,缺乏对比因素的调和,也会使人觉得单调乏味,不能发挥色彩的感染力。对比与调和,是色彩运用中非常普遍而重要的原则。要掌握对比与调和的色彩规律,应了解对比与调和的概念和含义、对比与调和的表现方式和规律。

对比意味着色彩的差别,差别越大,对比越强。在色彩关系上,有强对比与弱对比的区分。如红与绿、蓝与橙、黄与紫三组补色,是最强的对比色。在强对比色中逐步调入白色,在提高明度的同时,降低纯度,对比趋于弱化。如逐渐加入黑色,明度和纯度都会降低,也形成弱对比。在对比中,减弱一色的纯度或明度,使它失去原来色相的个性,两色对比程度会减弱,以至趋于调和状态。

色彩的对比因素,主要有下述几个方面。

1. 色相对比

从色环中的各色之间,可以有相邻色、类似色、中差色、对比色、互补色等多种关系。在色环中180°角的两个色为互补色,是对比最强的色彩(色环中大于120°角的两色都属对比色)。色环中成90°角的两色为中差色对比(如红与黄、红与蓝、橙与黄绿等)。

色相中还有类似色(如深红、大红、玫瑰红等)和相邻色(如红与红橙、红与红紫、黄与黄绿等)。它们包含的类似色素占优势,色相、色性、明度十分近似,对比因素不明显,有微弱的区别,属调和的色彩关系。如相邻色的两色之间类同的色素逐渐减少,就会形成强弱不同的对比(如红与黄绿、红与青、黄与绿等)。类似色对比要比相邻色强些,它们在色环中在60°角左右。颜料中的红色类、黄色类、蓝青色类称同类色。

色相对比的强弱程度与对比的性质,可以改变单调平淡的色彩效果。互补色对比,色彩效果鲜明、强烈,在视觉上的知觉度也最强,具有吸引力。我国的民间年画、建筑彩画,都采用这类对比方法取得醒目、强烈的装饰艺术效果(见图3-10)。

2. 明度对比

明度对比即色彩的深浅对比。颜料管中的每一种颜色,都具有自己的明度。颜色与

图 3-10　色相对比

颜色之间有明度的差别,如从深到浅来排列,可以得到以下的顺序:黑、蓝、青紫、墨绿、黑棕、翠绿、深红、大红、赭石、草绿、钴蓝、朱、橘黄、土黄、中黄、柠檬黄、白。如果每个颜料调入黑或白,就会产生同一色性质的明度差别;如调入比这一颜色深或浅的其他色,就会产生不同色个性的明度差别。

　　由此可见,色彩的明度对比,包含着相当丰富复杂的因素。辨别单色明度和明度对比比较容易,而如果要正确辨别包含色彩纯度、冷暖等因素的明度对比则并不容易。如看十字路口的红绿灯,红绿色相易辨,但红、绿的明度强弱就一时分辨不出来。所以在色彩写生中,要正确、及时地掌握不同个性的色彩明度推移、连接与对比关系,是需要经过训练的(见图 3-11)。

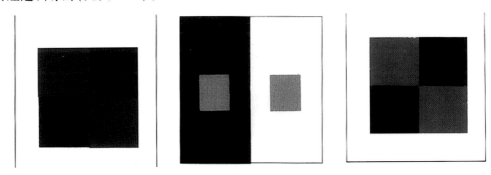

图 3-11　明度对比

　　根据色彩的明度变化,可以形成各种等级,大致可分成高明度色、中明度色和低明度色三类。在绘制过程中,不同等级的明度,可以产生不同类别的色调,即亮调、暗调、中间调。色调效果受明度对比因素影响。

　　明度对比与感情表达也有直接的关系。如高明度与低明度色形成的强对比,具有振奋感,富有生气。明度对比弱,没有强烈反差,色调之间有融和感,可反映安定、平静、优雅的情调。如色调对比模糊不清、朦胧含蓄,会产生玄妙和神秘感,等等。即使在单色的作品中,不同的明暗对比,也同样能产生各种不同的感情效果。

3. 纯度对比

色彩的效果,是从相互对比中显示出来的。纯度对比,是指色彩的鲜明与浑浊的对比。运用不鲜明的低纯度色彩来衬托色,鲜明色就会显得更加强烈夺目。如果将纯度相同、颜色面积也差不多的红绿两对比色并列在一起,不但不能加强其色彩效果,反而会互相减弱。如将绿色调入灰色来减弱纯度,红色会在灰绿的衬托对比中更加鲜明(见图 3-12)。

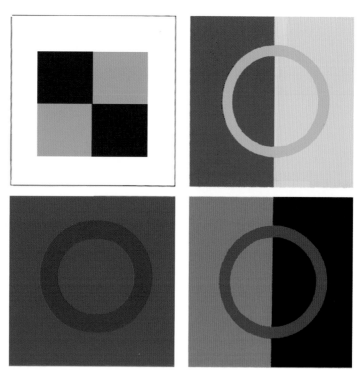

图 3-12　纯度对比

我们在街头观察行人穿着的五颜六色的衣服,那鲜艳纯净的色彩异常醒目、美丽,其原因就是受周围环境沉暗的冷灰色调对比衬托的缘故。高纯度的色彩,有向前突出的视觉特性,低纯度的色彩则相反。相同的颜色,在不同的空间距离中,可以产生纯度的差异与对比。如观察处在近、中、远不同距离的三个红色广告标牌,近处的标牌是鲜明的;中景位置的标牌与近景中的标牌相比,则呈含灰的紫色;远景中的标牌,在相比之下,纯度更差,呈灰色。这是色彩因为空间关系的变化,反映出色彩纯度变化而产生空间距离感。在一个画面中,以纯度的弱对比为主的色调是幽雅的,所表达的感情效果基本上是宁静的;相反,纯度的强对比,则具有振奋、活跃的感情效果。

4. 冷暖对比

色彩的冷暖感,是来自人的生理和心理感受的生活经历。由此,色彩要素中的冷暖对比,特别能发挥色彩的感染力。色彩冷暖倾向是相对的,要在两个色彩相对比的情况下才能显示出来。

认识色彩冷暖对比变化,主要是依靠比较的方法。晴天观察天色,如是紫灰色调子,一般地面或远山的天色会显得暖一些,上边的天色会倾向于冷,有微弱的冷暖区别;一个物体受阳光直射,受光面偏暖,背光面偏冷,受光部强光部分又偏冷,背光面受蓝天光线反射的部分显得更冷,而背光受地面阳光反射部分,却罩上一层暖调色。

冷暖对比,可以有各种形式。如用暖调的背景环境,衬托冷调的主体物;或以冷调的背景环境,衬托暖调的主体物;或以冷暖色调的交替,使画面色彩起伏具有节奏感。

5. 面积对比

色彩的面积、形状、位置,在色彩要素一节中已提到过。这也是美术设计中的构成或绘画中布局结构相关联的因素之一。

所谓色彩的面积,在设计或装饰绘画中,一般比较明确,因为大多是采用色相单纯的平面色块,结合色块的形状,通过安排上的穿插,形成强弱、起伏的节奏效果。在写实的绘画中,基本上不会存在单纯的平面色块,在一块颜色面积中,一定同时具有许多色彩变化,可是仍然具有色彩面积、形状、位置等对比的形式因素。

色彩面积的大小与形成色调有关。在艺术表现中的作用是通过对比来获得色彩效果的。考虑色块形状是指外形的美,同时也包含着线与形的对比关系,一个方形与圆形对比有不协调的因素,这与曲直线条给人的感觉并不相同。

譬如,园林绘画中的一片灌木丛,一座建筑物,一片天空,一棵树,都具有它的面积、形状和位置。"万绿丛中一点红",不但具有色相的补色对比,也有面积的强弱对比效果。"丛与点"是形状和面积的对比。如在画幅中,处理"一点红"的位置,当然应在视觉的中心位置。

以上所谈及的各种色彩要素的对比,都是在服务构图的形式法则中发挥其效果的。

(二)调和

色彩调和,就是色彩性质的近似,是指有差别的、对比的以至不协调的色彩关系,经过调配整理、组合、安排,使画面中产生整体的和谐、稳定和统一。获得调和的基本方法,主要是减弱色彩诸要素的对比强度,使色彩关系趋向近似,而产生调和效果。

对比与调和,是互为依存的、矛盾统一的两个方面。在一个画面中,根据表现主题的不同要求,色调可以以对比因素为主,也可以以调和因素为主。在感情上的反映,一般积极的、愉快的、刺激的、振奋的、活泼的、辉煌的、丰富的等情调,是以对比为主的色调来表现的。舒畅、静寂、含蓄、柔美、朴素、软弱、幽雅等情调,宜用调和为主的色调来表现。

同种色调和,是指任何一个基本色,逐渐调入白色或黑色,可以产生单纯的明度变化的系列色相。趋向明亮或深暗的不同层次的颜色,可称为同种色,有极度调和的性质。如果一组对比色,双方同时混入白色或黑色,纯度都会降低,色相个性会削弱,加强了调和感。

相邻色、类似色的调和,是在色彩中包含的同类色占优势,色相、纯度、明度等色彩因素十分近似,对比特征不明显,属于调和的色彩关系。如相邻色红与红橙、红与红紫、黄与黄绿;类似色如深红、大红、玫瑰红、朱红等。类似色的色对比稍强于相邻色。

无论什么颜色,与无彩色的黑、白、灰配置在一起时,都可以产生调和效果。

对比两色中,如混入同一复色,即含灰的色彩,那么对比各色就会向混入的复色靠拢,色相、明度、纯度、冷暖都趋向接近,对比的刺激因素因而减弱或消失。调和效果的加强与混入色量成正比。

对比色双方,如一方混入对方的色彩,或双方都混入对方的色彩,可缩小差别,趋向调和。

两个不调和的对比色之间,处理一个与两个对比色都能谐调的色彩,就可以使对比色趋于谐调。如在红绿对比色中加入黄色,红绿的对比强度就会减弱。在摆设写生静物时,主体物中如有强对比不协调的色彩时,在配衬布时往往根据以上的规律,考虑合适的衬布色彩,使静物具有对比谐调的整体色彩效果。

色彩的对比与调和原则,在色彩实践中是一个重要而值得探讨研究的问题。以上所谈及关于色彩对比与调和的知识和方法,实际上只能起到一些启发作用。有关色彩各种形式的对比与各种方法的调和,是异常复杂的,它们表达的主题与感情也是十分广泛的。只有在真正具有色彩的基础能力后,不断地在色彩实践中举一反三,逐步深入领会色彩的对比、谐调规律,才能充分发挥色彩的表现力与感染力。

六、色彩混合

由两种以上不同的色相混合,会产生新的颜色,这种现象经常发生,并在色彩的实践中发挥很重要的作用。

色彩可以在视觉外混合,而后进入视觉,这样的混合形式包括加法混合与减法混合两种形式,色彩还可以在进入视觉之后才发生混合,称为中性混合。

(一)加法混合

加法混合是指色光的混合,两种以上的光混合在一起,光亮度会提高,混合色的总亮度等于相混各色光的亮度之总和,因此称为加法混合(见图3-13)。

(二)减法混合

减法混合主要指的是色彩颜料的混合。色料相混纯度降低(见图3-14)。

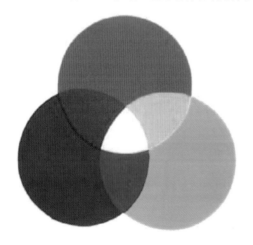

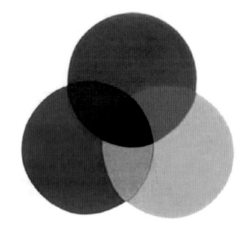

图 3-13　加法混合　　　　　　　　图 3-14　减法混合

（三）空间混合

空间混合属于中性混合，是色彩并置产生的混合，色彩的空间混合有下列规律：

（1）凡互补色关系的色彩按一定比例的空间混合，可得到无彩色系的灰和有彩色系的灰。如：红与青绿的混合可得到灰、红灰、绿灰。

（2）非补色关系的色彩空间混合时，产生两色的中间色。如：红与青混合，可得到红紫、紫、青紫。

（3）有彩色系与无彩色系的色彩混合时，也产生两色的中间色，如：红与白混合时，可得到不同程度的浅红。红与灰的混合，得到不同程度的红灰。

（4）色彩在空间混合时所得到的新色，其明度相当于所混合色的中间明度。

（5）色彩并置产生空间混合是有条件的。

A. 混合之色应是细点或细线，同时要求密集状，点与线愈密，混合的效果愈明显。

B. 色点的大小，必须在一定的视觉距离之外，才能产生混合。一般为 1 000 倍以外，否则很难达到混合效果。

空间混合有以下三大特点：

（1）近看色彩丰富，远看色调统一。在不同视觉距离中，可以看到不同的色彩效果。

（2）色彩有颤动感、闪烁感，适于表现光感，印象派画家惯用这种手法。

（3）如果变化各种色彩的比例，少套色可以得到多套色的效果，电子分色印刷就是利用这种原理（图 3-15、图 3-16 为空间混合示例）。

图 3-15　空间混合（一）　大碗岛上的星期日的下午　（修拉）

七、色彩的冷暖

色彩的冷暖主要指色彩结构在色相上呈现出来的总印象。

基于物理、生理、心理以及色彩自身的面貌特征，在观察物象色彩时，通常把某些颜色

图 3-16　空间混合（二）　风景　（莫奈）

称之为冷色,某些颜色称之为暖色。冷暖色感的产生,依赖于人和社会生活经验与联想,因此,色彩的冷暖定位是一个假定性的概念。

　　只有通过比较才能确定其色性,人们看到青、绿、蓝一类色彩时常会想到冰、雪、海洋、蓝天,产生冷寒的心理感受,这类色即为冷色;看到橙、红、暖黄等色彩,就想到温暖的阳光、火,而产生温热的心理效应,这类色就是暖。冷暖本来是人的机体对外界温度的感受,但由于人看到某些色彩时,也会在视觉与心理上产生一种下意识的联想,产生冷或暖的条件反射。这样,绘画色彩学中便引申出"色彩的冷暖",应用到实际视觉画面上去之后,也构成了可感知的色彩的"冷暖调"。

　　用冷暖来界定物象色彩的对比,也是色彩结构关系中色彩之间的一种对比,并在对比中形成画面的统调,又在画面统调中构建一种基调。如图 3-17 所示的这个色环中,色彩学家把色相环上的 8 色相面貌典型的颜色分为两个相对应的色区:暖色区和冷色区。

　　色彩本身并无冷暖的温度差别,是视觉色彩引起人们对冷暖感觉的心理联想。

　　暖色:人们见到红、红橙、橙、黄橙、红紫等色后,马上联想到太阳、火焰、热血等物像,产生温暖、热烈、危险等感觉。

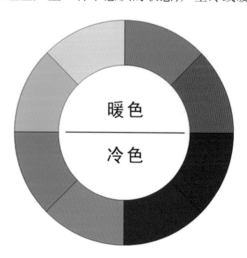

图 3-17　冷暖色相环

冷色：见到蓝、蓝紫、蓝绿等色后，则很容易联想到太空、冰雪、海洋等物像，产生寒冷、理智、平静等感觉。

色彩的冷暖感觉，不仅表现在固定的色相上，而且在比较中还会显示其相对的倾向性。如同样表现天空的霞光，用玫瑰红画早霞那种清新而偏冷的色彩，感觉很恰当，而描绘晚霞则需要暖感强的大红了。但如与橙色对比，前面两色又都加强了寒冷感倾向。

八、色彩的情感

不同波长色光信息作用于人的视觉器官，通过视觉神经传入大脑后，经过思维，与以往的记忆及经验产生联想，从而形成一系列的色彩心理反应。

（一）色彩的冷、暖感

人们往往用不同的词汇表述色彩的冷暖感觉，暖色——阳光、不透明、刺激的、稠密、深的、近的、重的、男性的、强性的、干的、感情的、方角的、直线型、扩大、稳定、热烈、活泼、开放等。冷色——阴影、透明、镇静的、稀薄的、淡的、远的、轻的、女性的、微弱的、湿的、理智的、圆滑、曲线型、缩小、流动、冷静、文雅、保守等。

中性色：绿色和紫色是中性色。黄绿、蓝、蓝绿等色，使人联想到草、树等植物，产生青春、生命、和平等感觉。紫、蓝紫等色使人联想到花卉、水晶等稀贵物品，故易产生高贵、神秘的感觉。至于黄色，一般被认为是暖色，因为它使人联想起阳光、光明等，但也有人视它为中性色，当然，同属黄色相，柠檬黄显然偏冷，而中黄则感觉偏暖。

（二）色彩的轻、重感

色彩的轻、重感主要与色彩的明度有关。明度高的色彩使人联想到蓝天、白云、彩霞及许多花卉，还有棉花、羊毛等，能产生轻柔、飘浮、上升、敏捷、灵活等感觉。明度低的色彩易使人联想到钢铁、大理石等物品，能产生沉重、稳定、降落等感觉。

（三）色彩的软、硬感

其感觉主要也来自色彩的明度，但与纯度亦有一定的关系。明度越高感觉越软，明度越低则感觉越硬。明度高、纯度低的色彩有软感，中纯度的色也呈柔感，它们易使人联想起骆驼、狐狸、猫、狗等好多动物的皮毛和毛呢、绒织物等。高纯度和低纯度的色彩都呈硬感，如它们明度又低则硬感更明显。色相与色彩的软、硬感几乎无关。

（四）色彩的前、后感

由各种不同波长的色彩在人眼视网膜上的成像有前后，红、橙等光波长的色在后面成像，感觉比较迫近，蓝、紫等光波短的色则在外侧成像，在同样距离内感觉就比较后退。

实际上这是视错觉的一种现象，一般暖色、纯色、高明度色、强烈对比色、大面积色、集中色等有前进感觉，相反，冷色、浊色、低明度色、弱对比色、小面积色、分散色等有后退感觉。

（五）色彩的大、小感

由于色彩有前后的感觉，因而暖色、高明度色等有扩大、膨胀感，冷色、低明度色等有显小、收缩感。

（六）色彩的华丽、质朴感

色彩的三要素对华丽及质朴感都有影响，其中纯度关系最大。明度高、纯度高的色彩,丰富、强对比色彩感觉华丽、辉煌。明度低、纯度低的色彩,单纯、弱对比的色彩感觉质朴、古雅。但无论何种色彩,如果带上光泽,都能获得华丽的效果。

（七）色彩的活泼、庄重感

暖色、高纯度色、丰富多彩色、强对比色感觉跳跃、活泼有朝气,冷色、低纯度色、低明度色彩感觉庄重、严肃。

（八）色彩的兴奋与沉静感

其影响最明显的是色相,红、橙、黄等鲜艳而明亮的色彩给人以兴奋感,蓝、蓝绿、蓝紫等色使人感到沉着、平静。绿和紫为中性色,没有这种感觉。纯度的关系也很大,高纯度色有兴奋感,低纯度色有沉静感。最后是明度,高明度、高纯度的色彩呈兴奋感,低明度、低纯度的色彩呈沉静感。

实训一　配色表练习

1. 实训目的

掌握色彩的基础知识。

2. 实训工具

水粉颜料、水粉笔、水粉纸、调色盒、铅笔、画板、夹子或图钉。

3. 实训内容

（1）颜料的识别。

（2）颜色的调配。

（3）绘制配色表（见图3-18、图3-19）

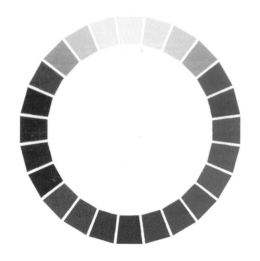

图3-18　配色表（一）

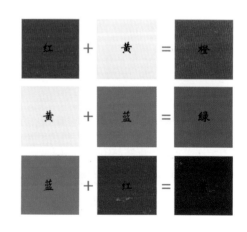

图3-19　配色表（二）

4. 注意事项

（1）要注意色彩和水分的使用。

（2）注意颜色的调配技巧和方法。

实训二　色彩混合练习

1. 实训目的
掌握色彩的搭配原则。
2. 实训工具
水粉颜料、水粉笔、水粉纸、调色盒、铅笔、画板、夹子或图钉。
3. 实训内容
明度对比(见图3-20),色相对比(见图3-21),纯度对比(见图3-22),补色对比(见图3-23)。

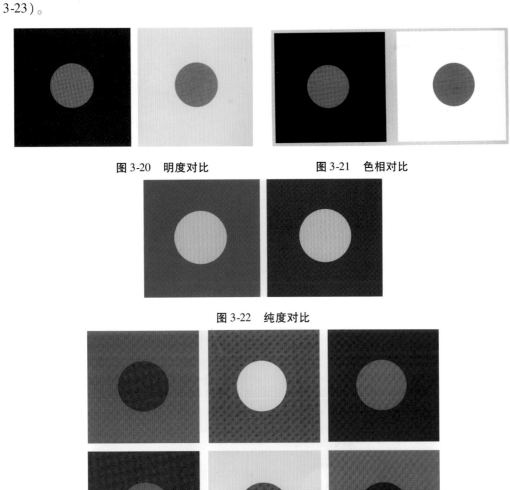

图3-20　明度对比　　　　　　　图3-21　色相对比

图3-22　纯度对比

图3-23　补色对比

4. 注意事项

（1）注意用色要纯正。

（2）注意各色之间的对比。

第二节　水粉画

水粉画有着相当悠久的历史,主要是以水调和含胶的粉质颜料绘制而成(见图 3-24、图 3-25)。水粉画用水为调和剂,可以渲染、渗化,因而能产生透明、润泽、轻快而流畅的效果。水粉画可以利用水分而又不依赖水分,可以湿画、薄画,又可以干画、厚画,表现方法极为灵活。

由于粉质颜料具有相当强的覆盖力,也可作大面积渲染或小面积细画,甚至可以把一幅濒于失败的画挽救回来,所以非常适合刚刚接触色彩的初学者,但初学者对于水粉表现技法还不熟练,绘画时容易出现"泛色"和"干湿反应"。

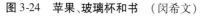

图 3-24　苹果、玻璃杯和书　（闵希文）

图 3-25　芭蕾舞女　（德加）

一、水粉画的特征

水粉画大致有以下三个特征:

（1）由于使用水和含胶的粉质颜料,从而使画面具有丰厚、明亮、柔润而艳丽的独特效果。

（2）可兼用水彩画和油画等各种技法,在表现方法上具有一定的多样性。

（3）由于水粉画颜料的覆盖力和黏着力,所使用纸张具有一定的吸水、吸色性能,表现效果浑厚、真实。

二、水粉画的工具材料

颜料:柠檬黄、土黄、土红、赭石、橘黄、中黄、淡黄、橄榄绿、粉绿、翠绿、淡绿、深绿、群青、钴蓝、湖蓝、普蓝等颜料是比较稳定的。深红、大红、朱红、玫瑰红、青莲、紫罗兰等颜料就不够稳定而且不容易被覆盖,用于底色时,容易往上泛色。在色彩中除了柠檬黄、玫瑰红、青莲等少数几种颜色有着较强的透明度,大部分颜色的覆盖性都比较好。

画笔:水粉画对笔的选择比较自由,既可选用特制的水粉画笔,也可根据自己的习惯与喜好选用水彩笔、国画毛笔,甚至油画笔等。对于毛笔的要求是软硬适度、富有弹性(初学者不宜选择尼龙笔)。扁头、尖头、方头等各种形状、大小的笔要配备尽量齐全,以备不同场合、不同题材的作画需求。

画纸:由于水粉画纸的纸面基本上是被颜色遮盖掉的,因此它的选择不是那么严格,水粉画纸以纸纹较粗、纸质坚韧厚实且吸水不多为宜。

调色盒:调色盒是主要的贮放和调和颜料的工具,基本要求是洁白、平整、不吸水、格子较深、容量较大,比较常用的为24格或24格以上的调色盒。调色盒中一般都附带一张薄海绵,将海绵蘸水铺放在颜料格上,能防止颜料干裂。颜色的存储和排列应有一定的秩序。要照顾到明暗次序和冷暖色性的区别,使用时不致使颜色与颜色之间混杂。

除了上述几种工具、材料外,作画时还要有画板、画架、洗笔桶、抹布(用于吸掉笔上过多的水分)等。

水粉画笔,多数为平头笔,这种平头笔适宜用块面来塑造形体。笔法以摆、拖、扫、揉、擦为主。

水粉画中比较难掌握的是容易出现的"干湿反应"。造成"干湿反应"的原因有三:

第一是水,水本身没有颜色,但经水调和后的颜色会增强对比度,干燥后又恢复颜色原貌。如果水分较少,这种反差就会小一些。

第二是颜料,颜料中包含的着色剂和填充剂的比例与比重不同,从而使颜料在带水过程中出现上浮下沉现象。即填充剂比重大的带水以后颜色变淡,比重小的带水以后变深。大多数颜料干后色彩都会变浅,所以使用颜色时应适当调深,干后才能获得理想的色相。

第三是纸,纸质松则吸水性强,颜色上去后带水过程比较长,干湿反应也比较大,画面效果较灰。而在较紧、光滑的纸面上,干湿反应小,效果就越好。

克服"干湿反应"所带来的困难,可以采取以下办法:一是尽量少用水,并在纸质较紧的纸上作画,以缩短干燥时间,控制变色程度;二是通过实践,掌握"干湿反应"的规律和变化程度,在用色时有意识地作出适度调整,待到干透后达到预期的效果;三是保持画面湿润的办法,可在画面未干的情况下作画。如果画面已干,可以在准备覆盖的区域均匀地刷上或喷上一层清水,使其湿润度与后加的颜色保持一致,前后颜色同时变干。在潮湿时画面的色调如果是协调的,那么干后也会同样协调统一,这种方法比较简单,但是画面效果一般要灰一些。以上方法可以根据实际情况灵活运用。

作画时要注意以下几点:

(1)作画前首先要了解纸的吸水性。

(2)第一遍上色要薄,以后覆盖的颜色要水少色厚。

（3）加色时注意底色的色调。因为后加颜料中的水分必然渗透到底层,这时底色的颜色就会与表层颜色融合。水分越多,这种融合作用就越大,从而在一定程度上溶化底色。如果上下两层是补色关系,就容易使画面变脏。

（4）用笔的力度不要过重,要轻摆,避免用笔根反复顿挫,破坏画面。

（5）要做到从大处概括,注重整体,切忌拘泥小节,尽量减少反复次数。

三、水粉画技法

（一）干画法

即底色干后再画的方法。用水较少,甚至完全不用水调色。这种画法效果比较浓厚、艳丽。有些画家颜色用得很厚,还掺入某种糊状堆积剂以增强立体感,可称为厚干画法;有的画家颜色用得较薄,主要是在底层颜色干了以后再加色,称为薄干画法(或干接法)。两者结合得好可产生类似油画的效果。但水粉颜色堆积过厚,干透后容易出现龟裂现象。

（二）湿画法

用水较多,完全在湿润的底面上作画。如果画面已干,可上一层清水后再画。这种画法用色较薄,用笔轻快、自由,容易接笔,画面效果柔和,但色调容易变灰。在涂第一遍颜色时,可大面积渲染,第二、第三层颜色含水分应少一些,以免底色上泛,弄脏画面。

（三）干湿画法

干湿两种画法结合使用,即干湿画法。如用湿画法打底,画远景、背景或暗部;用干画法画亮部、近景或刻画细节、重点物体。利用颜色的薄厚、干湿对比加强远近、起伏、虚实关系。这种画法也是水粉画的基本画法。

以上三种画法是水粉画常用的技法。还有些画家借鉴油画的画法,用油画刀代替画笔作画,称之为"刀画法";还有画家作画前先用油画棒画出轮廓,这种画法称之为"油线画法",等等。总之,绘画的技法是为表现对象服务的,所以作画时,应将主要精力放在刻画对象上。

四、水粉作画的方法步骤

（一）构图定形

首先,选择适当的视角,应突出主题、光线集中、布局稳定(见图3-27);其次,起稿时

图 3-26　静物实拍

要尽量服从对象,必要时可以对与主题无关的细节进行调整和取舍,使画面更完美;最后,还应该考虑主体物的空间位置,主体物太大,空间就小,主体物太小,空间太大,画面显得很空。

（二）铺大色调

这一环节非常重要,主要是把握对象的第一感觉,用大笔确定色彩的整体关系,确定画面色调。颜色尽量鲜明纯净,区分背光面与受光面的冷暖色彩倾向,努力塑造整体的色彩环境和氛围,为下一步深入刻画作铺垫,千万不能急于进入局部刻画。这一步色调把握得准确,后面刻画会比较容易(见图3-28)。假如这一步关系处理不当,很影响绘画者的情绪,很有可能导致作品失败。

图 3-27　起稿　　　　　　　　　　　　　　图 3-28　铺大色调

（三）细部刻画

确立了整体色彩关系后,可先从画面主体物着手,从暗部最深的地方开始,当明暗两大部分用冷暖色区分,已初具立体感后,再看反光色是否有环境色成分,暗部的反光应和环境色统一考虑,相互影响相互协调。

暗部完成后,开始画中间色,它是明暗过渡区域,也是色彩冷暖最复杂的地方,这时用笔很重要,避免生硬,用笔要果断,轻入轻出,注意笔势。接着刻画亮部色彩,可以将此块颜色画得比预想中的画面效果更亮些。因为画面干后会在此基础上略灰,为使画面对比强烈、清晰,干后再点高光,受光部的深入刻画到此结束。

深入刻画和调整应该同步进行,并始终关注整体色彩关系,同时要区分主要物体与次要物体的冷暖、虚实关系,把握好分寸与秩序。在局部深入时,可用稠厚的颜色来刻画(见图3-29)。

（四）整体调整

当一幅作品接近尾声时,应留一些时间作整体调整、润色工作,起到画龙点睛的作用。当形体塑造结束后,就要作总的检查,重点是调整表现不当的地方。比如:色彩有无相同,笔触有无变化,同类色是否用冷暖关系拉开了距离;主次分清了没有,是否过分描绘次要细节而喧宾夺主;空间距离是否拉开等;色彩关系是否统一,特别是局部笔触不可过于烦琐,必要时用大笔做技术上的概括(见图3-30)。

　　图 3-29　细部刻画　　　　　　　　　　图 3-30　整体调整　(张奇)

实训三　水粉静物写生

　　初学水粉一般都是从静物开始。静物写生可难可易,是一种可以有目的安排的色彩训练方式。通过静物写生训练能够帮助初学者解决构图、冷暖、空间、质地等很多基础问题。再加上静物写生大都在室内进行,光线相对稳定,初学者容易控制。描写对象宜以形象简朴、色彩单纯的陶罐之类开始。

　　1. 实训目的

　　掌握水粉的性能、工具的使用、静物写生的方法与步骤,并能利用水粉进行静物写生。

　　2. 实训工具

　　水粉颜料、水粉笔、水粉纸、调色盒、铅笔、画板、夹子或图钉。

　　3. 写生步骤

　　(1)起稿:用铅笔起稿,与素描起稿相同。然后根据对静物的色彩分析,用单色(群青或普蓝)画出静物的色彩关系(见图3-31)。

　　(2)着色:从大色块入手,由浅入深(见图3-32～图3-34)。

　　4. 注意事项

　　(1)要注意色彩倾向,把握冷暖关系,同时要观察环境色对静物的影响。

　　(2)在画静物时,离高光近的部分应当重点刻画,暗部的刻画要弱一些,使其空间感增强。

　　(3)物体的典型部位对于强化形体的特征及质感方面起到点睛的作用,应细致刻画,力求精准,如瓶口。

图 3-31　起稿　　　　　　　　　　图 3-32　铺大色块

图 3-33　细节刻画　　　　　　　　图 3-34　整体调整　（张旭东）

五、水粉风景写生

在大自然中写生,是培养色彩能力的最佳途径。法国雕塑家罗丹曾在遗嘱中这样说过:"对于自然,你们要绝对信仰。你们要确信,'自然'是永远不会丑恶的;要一心一意地忠于自然。"色彩的空间透视越远就越冷,近处的对比强,远处的对比弱。将这些规律具体运用到作品中仍是一件很不容易的事,因为自然界的色彩是变幻无穷的,只有通过在大量的写生中将这些规律性理论演变成作品中斑斓的色彩,当画技日趋成熟,才能掌握这些色彩的变化规律,使作品中的颜色更生动、更富有表现力。

(一)风景画的画面组织

风景写生大都在室外,视野开阔,主体物不明显,干扰因素自然多,画面的布局和安排就显得尤为重要。具体来说,构图就是把表达的对象和元素按构图规律作恰当的安排,面对同一风景写生,不同的构图会产生不同的视觉效果。

构图的最基本原则之一是均衡。不管哪种构图形式,都需要在画面上寻找力量的平衡,这是视觉上的平衡。最简单的均衡就是对称,从古至今很多艺术作品都用到了对称这种构图形式。在表现一些庄严的题材时,我们更经常用到的是对称式的均衡,比如达·芬奇的《最后的晚餐》。但那些不对称、有动感的形式更能激发人们的欣赏兴趣,在现代优秀的美术作品中有着大量不对称均衡构图形式。不对称构图给艺术家的创作带来了更大的自由表现空间。在风景写生中,远景、中景、近景的选择和安排是构图的主要任务,一般中景是描绘和表达的重点。

（二）风景画的表现技法要点

1. 定位主题

对于风景画来说，定位主题尤为重要，不同主题有着不同的表现手法，例如湿画法适合表达烟雨蒙蒙的景色，而对于类似黄土高原这样的实景，使用干画法就更具有表现力，显示出高原那种干涩、厚重的历史内涵。好的主题加上适当的表现方法，会使画面更容易达到理想的效果。但是对于初学者，应该多尝试不同题材的风景写生，以便掌握水粉画表现风景的不同技巧。

2. 艺术表现

主题确定后，就对景物进行大胆的取舍和归纳，让画面主题突出，视觉中心明确。由于风景画表达的内容和空间比静物画要大得多，如果不加艺术处理，把所有看到的景物都画到画面上，那样仅仅是一种罗列式的摆放。要做到艺术表现，就需要作画者认真思考，在动笔前确定画面的主色调，然后按照作画的步骤和要求，精益求精，深入刻画。莫奈的三幅《鲁昂教堂》就是作者对相同对象在不同时段所呈现的色彩差别，分别作出的具体色彩表达（见图3-35）。

图 3-35　鲁昂教堂　（莫奈）

一般情况下，一张风景画只有一个视觉中心。画面的主体物可以是一座建筑、一条小路、一棵大树或者一片麦田，一般主体物都作为中景出现在画面上，远景的物体千万不要超过主体物，视觉效果上要分开。

实训四　水粉风景写生

1. 实训目的

全面掌握水粉风景写生的步骤及方法，训练学生的构图能力和归纳整理能力。

2. 实训工具

水粉颜料、水粉笔、水粉纸、调色盒、铅笔、画板、夹子或图钉、小凳子。

3.注意事项

（1）初学者不要选择过于复杂的景物,尽量选有近景、中景、远景的风景写生,这样可以更直观地了解色彩由于空间距离关系所产生的变化规律(见图3-36)。

起稿　　　　　　　　　　画出暗部

图3-36　水粉风景写生步骤

（2）风景画中,树的形态看起来最复杂,种类也很多。虽然都是绿色,但各不相同,四季变化也很大,色彩变化更为微妙,园林专业的学生对树木的理解要更深入。通常先画树干,安排好树的大致形状和位置。枝叶茂盛的可以先铺色彩气氛,然后添加枝叶,一定要从整体中分成块面的画,切忌一枝一叶的画。

第三节　水彩画

水彩画是在欧洲文艺复兴运动过程中产生的一个画种。早在15世纪末,德国绘画巨匠阿尔勃特·丢勒(1471～1582年)就创作了一系列我们现在称之为水彩画的绘画作品。

19 世纪中后期,水彩画在欧洲已变成一种极具吸引力和时髦的艺术手段。作为一个年轻而富有活力的画种,水彩画有着完整而独立的语言体系,有着油画、版画、国画等其他门类绘画不可代替的诸多特点。它运用独特的材质创造出独特的色彩美感,在技法实践上充满了偶然性和不可预见性,显示了巨大的艺术魅力(见图 3-37、图 3-38)。

水彩画传入我国虽然只有近百年的历史,但经过几代艺术家的探索与努力,已有了长足的发展。如今水彩画已向着多元化的方向发展,很多院校开设水彩专业,很多美术类专业均开设水彩课程,很多设计课都运用水彩制作设计方案和设计小稿。如果说水粉画是让同学们掌握运用色彩的技巧的桥梁,那么,水彩画就是进入专业设计

图 3-37　大草坪　(丢勒)

的最后一道门,只有熟练并掌握了水彩工具的运用与水彩本身的特性,才能在专业设计中有的放矢、游刃有余。

图 3-38　葫芦　(萨金特)

一、水彩画的特征

"水彩画"顾名思义,就是以水为媒介调和颜料作画的表现方式。就其本身而言具有两个基本特征:一是颜料本身具有的透明性;二是绘画过程中水的流动性。水彩材质的特性导致水彩艺术的特殊性。水色的结合、透明性质、随机性及肌理都是值得研究的课题。

水融色的干湿浓淡变化、在纸上的渗透效果等,使水彩画具有很强的表现力,并形成奇妙的变奏关系,产生了透明酣畅、淋漓清新、幻想与造化的视觉效果。

二、水彩画的工具材料

(一)颜料

水彩颜料一般是从有机物(含碳动植物)和无机物(金属矿物质)中提取主要原料。成品的颜料分为块状和糊状两种,块状颜料干而硬,用水稀释后才能使用,外出写生携带方便;糊状颜料常用锡管包装,易于调色,用起来很方便。市面上供应的有成套和单支装两类,大家可以根据需要选用。

(二)画纸

水彩纸对画面效果影响最大,因此水彩画对纸张是十分讲究的。纸质一定要纯净坚实而且吸水性要适度。水彩纸的品种繁多,有粗纹与细纹、厚与薄以及不同底色的区别,可根据不同需要选择使用,一般水彩纸以 150 克以上为宜。另外还有便于外出携带的小型水彩速写本。

(三)画笔

水彩笔的种类很多,一般用狼毫或羊毫制成,水彩笔有圆形和扁形两种。大、中、小号的笔都应准备,大号笔宜做渲染、铺色之用,小号笔便于深入刻画。

(四)调色盒

画水彩时,颜料的用量不是很大,市面上卖的格子很浅的、有调色区域的就是水彩专用的调色盒了,也可以用水粉调色盒。

(五)水桶

最好是准备两个小水桶,分为净水桶与脏水桶,这样可以保持画面的色彩不受影响。

(六)铅笔与橡皮

起稿时铅笔最好选择 B 与 4B 之间的,软硬适中,也可选用水溶性彩铅。

橡皮尽量选软一点的,以减少对纸面的破坏。

其他工具材料:如条件允许,还应准备一些特殊物品,如喷壶、遮盖液、湿纸巾等,以备特殊技法时用。

三、水彩画技法

(一)基本技法

水彩画的基本技法大致可分为三种,即湿画法、干画法、干湿结合法。

1.湿画法

湿画法是水彩画中最常用的技法之一,对水分的利用更显示出水彩流动的特征(见图 3-39),有很强的表现力。湿画法是指在纸面潮湿的状态下进行晕染的方法,其特点湿润朦胧。具体操作时可先将纸用水打湿,等

图 3-39　湿画法

稍稍吸掉明水之后落笔,此时所画物体边缘自然而柔和,这种方法不是只为了把纸打湿而已,也为了上完第一遍颜色没干时的接染,如画天空、远山远树时经常运用的方法(见图3-40)。

2. 干画法

水彩画中的干画法并非特指所用颜料稠厚,指的是所要着笔的纸面是干的。此时落笔,笔触的边缘清晰肯定,干后会在边缘形成清晰的水渍痕迹。如果运用得当,对刻画较实在的物体非常有帮助。此外,干画法还可运用较稠厚的颜料,借助纸面的纹理,用笔的侧锋皴出斑驳的效果,以表现物体的沧桑感。另外,干画法可用于做多层叠加的效果,能塑造出厚重结实的画面(见图3-41)。

图3-40 湿画法

图3-41 干画法

3. 干湿结合法

水彩画中的湿画法和干画法并不是截然分开的,运用更为广泛的是干湿结合法。恰到好处的干湿结合能使画面主次分明、虚实有致(见图3-42)。在干湿结合中可以有所侧重,做到虚实相生,以表达出不同的画面气氛。例如,画细雨蒙蒙的江南春色可以侧重于湿画法,再结合干画法,提炼出画面的精彩之处。如果表达北方的山村,尤其在强烈的阳光下,则可以侧重于干画法表达建筑的坚实感,在远处或投影处可以巧妙地运用湿画法获得一种透气的灵动感。

图3-42 干湿结合法

(二)特殊技法

水彩画在绘画实践中经常会运用到一些特殊技法,当运用常规的技法表达特殊事物感到有些力不从心时,人们便会创造出一个又一个特殊技法,前人多年的艺术实践与探索,为我们留下了许多宝贵经验,下面我们举例说明几种园林学生以后能用上的特殊技法,用以抛砖引玉。

1. 留白法

水彩画的亮部及高光部分一般要留出纸面,但如果需要精细刻画的物体如树枝、树干

的受光部分,直接留白很难做到,于是我们可
以利用遮盖剂进行操作。遮盖剂使用时可预
先将其涂在想要留白的位置,待干后便可以
不顾细节地进行铺色。最后用橡皮或手指轻
轻除掉已干透的遮盖剂,露出白纸或底色,此
时再用颜色继续按需要进行刻画,直到满意
为止(见图3-43)。

图3-43 留白法

2.刀刮法

刀刮法可分为干刮法和湿刮法。干刮法
是在画面完全干透后对一些未能留白的地方
进行补救的措施,但面积不宜过大,刮后将刮
过的起毛的地方压平即可(见图3-44)。湿刮法一般是趁颜色潮湿的时候,用指甲、笔杆
等尖锐的事物在底色上刮出一些痕迹,比如植物的茎叶、小草等(见图3-45)。这种方法
的关键在于把握颜色的干湿程度,过湿则刮出重色的痕迹,过干则失去效果。

图3-44 干刮法

图3-45 湿刮法

3.溅洒法

溅洒法在绘画中非常具有表现性,有时
可以使表达的效果更具神采,有时则可以制
造出斑驳的肌理效果。具体的办法可以先进
行色彩涂层,然后运用不同的色彩进行溅洒,
制造出特殊的效果(见图3-46)。但这种方法
不宜过多使用,否则画面会产生杂乱无章的
效果。

四、水彩作画表现方法

(一)怎样调色

图3-46 溅洒法

水彩画是用水彩颜色来表现物体的明暗、立体感和空间感及画面气氛的。画水彩画
也要用色彩学的知识。

调色方法有三种：第一种是在调色盒上调好色再画到纸上，这种方法容易掌握。第二种是两种颜色在调色盒上略微调剂，所谓半生熟色，立即画在纸上，可避免颜色灰暗，失去透明感。第三种方法是让两种颜色借着水做媒介，在纸上互相渗化，这种方法使得颜色鲜艳透明，但较难掌握。

（二）色调

色调，俗称调子，是画面统一的色彩倾向。色调是色彩问题中最主要的元素之一。形成色调的主要因素是光源色。光源色的强弱、明暗、冷暖、色相决定画面基本色调的变化。

（三）水分的掌握

水分的运用和掌握是水彩技法的要点之一。水分在画面上有渗化、流动、蒸发的特性，所以，画水彩首先要熟悉"水性"。充分发挥水的作用，能更好地体现水彩流动、透明的特性。掌握水分应注意时间、空气的干湿度和画纸的吸水程度。

（四）笔法的运用

笔法即用笔的方法，水彩画用笔与用水、用色紧密相连。作画时每一笔都含水与色，或水多色少，或色多水少，或水色均衡。笔在纸上运动出现的笔痕就是"笔触"。恰当的用笔可以增强塑造性和画面的灵动性。水彩画大面积涂色时，水分的渗化将笔触隐没，趁潮湿的时候重置颜色笔触感觉含蓄、柔和，较干时上色，笔触清晰可见。越是接近完成用笔越重要，其笔触不再被覆盖，会完全地展现给欣赏者。

（五）上色方法

水彩工具性能决定着色顺序大都是先画明色，后画暗色，从上到下进行着色，原因是水彩画的画板放置角度不能接近直立，因为直立时水色极易流淌破坏形体。画板的放置角度可以根据水分的需要变换，水分大时可以平放，水分小时可以保持三四十度的状态。同时，与水粉、油画的着色方法一样，要从整体到局部。

实训五　水彩静物写生——干画法练习

1. 实训目的
进行水彩颜料的调配练习；掌握水彩画的起稿方法和作画程序；练习干画法的技法。
2. 实训工具
水彩纸、水彩颜料、水彩画笔、画板、画架、涮笔桶、铅笔。
3. 写生步骤
第一遍色：薄涂基本色调（水多颜色少），画出大体的明暗关系。
第二遍色：待第一遍干后，刻画暗部和细节，并表现层次关系。
第三遍色：第二遍干后，调整整个画面，画出暗处（见图3-47）。
4. 注意事项
（1）遍数不要太多，二三层即可，多则画面易灰暗、脏。
（2）所谓干画法也要每一遍做到水分饱满，只是不要求渗化，并非水少的意思。
（3）色彩层次丰富清晰，体面转折明确，是干画法的特征。

图 3-47 水彩(一) (赵云龙)

实训六 水彩静物写生——湿画法练习

1. 实训目的

掌握湿画法的步骤与技法。

2. 实训工具

水彩纸、水彩颜料、水彩画笔、画板、画架、铅笔。

3. 写生步骤

第一遍色:需要画的部分用水打湿,不要晕到其他部分,然后上色。远处的、暗处的地方可以趁前一部分色未干时再用水衔接、上色,达到色彩渗化、虚化的效果。

第二遍色:画出各部分颜色,与第一遍色步骤相同。

第三遍色:刻画细节(见图 3-48)。

4. 注意事项

(1)色彩渗化要自然,色块过渡要柔和。

(2)需留白的地方一定不要刷到水。

图 3-48 水彩(二) (张连贵)

实训七　水彩风景写生

1. 实训目的

掌握风景写生的步骤与技法。

2. 实训工具

水彩纸、水彩颜料、水彩画笔、画板、画架、涮笔桶、铅笔、小凳子。

3. 注意事项

(1) 要注意光源色、环境色和固有色的作用。

(2) 要时刻注意由于色彩透视和气候状况所引起的变化。

图 3-49 ~ 图 3-52 为水彩风景写生示例。

图 3-49　水彩风景(一)

图 3-50　水彩风景(二)

图 3-51 水彩风景(三)

图 3-52 水彩风景(四) (张宗纲)

综合实训 园林风景色彩写生

1. 实训目的

熟练掌握园林风景色彩写生的步骤与技法。

2. 注意事项

(1)光源方面:室外景物因受阳光和天空反射光的影响,使得早晨和傍晚的阳光色彩感强烈而鲜明,整体的色调氛围明显。中午的阳光充足,物体的色彩对比强烈鲜明,这时写生应更侧重于物体本身的色彩。阴天时,由于云层漫反射作用,光线柔和,冷暖变化削弱,有很强的整体感。

(2)环境方面:室外景色丰富多彩,从山川大地到河流湖沼都呈现出不同的自然景观。加上四季气候丰富变化,更为我们提供了源源不断的写生素材。

（3）空间感觉:在户外,景物的空间透视显得格外明显,即使是暖色相的景物随着空间深远也会变灰变冷;冷色相的景物随空间的深远而变灰变弱。图 3-53 ～图 3-56 为园林风景写生示例。

图 3-53　园林风景（一）

图 3-54　园林风景（二）

图 3-55　园林风景（三）

图 3-56　园林风景（四）

第四章　造园要素表现技法

第一节　钢笔表现技法

一、钢笔画

（一）钢笔画的工具与材料

钢笔是在园林绘画中经常使用的作画工具，种类繁多，常见的有书写性钢笔、美工钢笔、书法钢笔、中性笔、签字笔和针管笔等，其笔迹和线条的变化除书法笔和美工笔线条变化较大以外，其他的线条变化不大。

在作钢笔画时，也有一些画家喜欢使用色、粉颜料与钢笔线条结合产生美感；也有人常使用彩色铅笔（含水溶性铅笔）、水彩颜料、马克笔、色粉笔、油画棒等材料配合钢笔表现，使园林绘画更具表识性。

画园林钢笔画所需的纸张比一般书写纸略厚，表面不宜太光滑，现在市面出售的许多速写本作钢笔画即可，一般的绘画纸、素描纸等也可以作钢笔画。

（二）钢笔画的笔触

笔触是构成画面的基本因素，不同的笔触会产生不同的视觉感受，因此在作钢笔画之前要熟悉基本的笔法、线条，作起画来才能做到胸有成竹，才能使画面的形式与内容充分协调（如图 4-1 所示）。

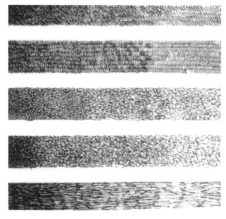

图 4-1　钢笔画技法

钢笔画的笔触与铅笔不大一样，具体的技法表现也有较大区别。钢笔线条在虚实上差别不大，作画时主要靠线条的疏密来组织和表现物体的结构、明暗等关系，明快便捷，直抒胸臆，具有独特的视觉美感（如图 4-2 所示）。

图 4-2 钢笔画表现

二、钢笔淡彩技法

（一）钢笔淡彩画

钢笔淡彩画是钢笔绘画与水彩绘画的有机结合，画面既具备了钢笔画线条明快的特点，同时也具备了水彩绘画的清澈透明的特点，是绘制园林效果图最常用的方法之一，特别是在园林设计草稿绘制和现场作图等方面应用广泛。

（二）钢笔淡彩渲染步骤

步骤一 构图起稿。用钢笔把物体的形体轮廓、比例、结构透视变化等概括地画出来（如图 4-3 所示）。

图 4-3 构图起稿

步骤二 铺大体色块。根据第一印象和大的色彩关系用大的色块及关键的色块迅速地表现出来（如图 4-4 所示）。

图 4-4　铺色块

　　步骤三　深入刻画。在深入分析的基础上画出物体的"三大面"、"五调子"的色彩层次变化,主要表现物体的形体结构、质感、空间感(如图 4-5 所示)。

图 4-5　深入刻画

　　步骤四　调整完成。重点是使画面的整体关系更加协调。比如,妨碍色调统一的色彩要改正,为了突出画面的主体就必须把陪衬物的色彩或塑造减弱;画面的空间关系、层次关系、虚实关系要明确等(如图 4-6 所示)。

图 4-6　调整完成　(符宗荣)

三、水彩渲染技法

（一）浓彩与淡彩

水彩画技法用于景观表现时,大都结合墨线轮廓或明暗素描进行,作为辅助上色的表现手段,大体分浓彩和淡彩两种。

浓彩:浓彩画法的着色与一般的水彩写生技法相似,颜色饱和度较高,用水与笔触的变化也比较讲究,不受墨线轮廓的约束,主要用色彩来塑造形象,然后再绘制墨线,完成稿中的墨线轮廓不仅明显,还更具有水彩画固有的特征。

淡彩:淡彩画法却仍以墨线轮廓或明暗素描底稿为基础,然后着色,多以淡雅、调和的色彩关系为主,笔触整齐而均匀,不强调以色彩和笔触去刻画物体。完成后的画面墨线轮廓清晰或黑白明暗对比度依然强烈,与彩色铅笔着色或有色纸素描的特点类似。

（二）水彩渲染基本技法

步骤一　先用简单的铅笔线条勾画出大体轮廓。以底纹笔打湿天空部分,再用平头笔蘸少许钴蓝、湖蓝调入微量深红画出天空,平铺近景树丛、树篱及地面的底色(如图4-7所示)。

图4-7　水彩渲染步骤一

步骤二　趁湿由远及近快速画出远景、中景的树形及色彩的明暗关系。薄涂远景中建筑的基本色彩。用薄涂法画出中景主体建筑的整体色彩(如图4-8所示)。

图4-8　水彩渲染步骤二

步骤三　湿画出建筑物前方灌木的色彩与体量。用饱和的暖绿色画出石路左侧的树,深入细致地刻画长廊的整体效果与建筑细节,使之色彩丰富(如图4-9所示)。

图4-9　水彩渲染步骤三

步骤四　深入刻画作为视觉中心的建筑物,对建筑物的色彩、质感、结构、造型等一系列因素务必把握精准。树丛的表现重点是:丰富树的色彩层次,及时勾勒树的枝干,特别要注意表现枝干的"断"与"隐"。最后再次推敲远、近、中景的层次关系,注意部分重点细节的刻画,直到画面完成(如图4-10所示)。

图4-10　水彩渲染步骤四　(高飞)

第二节　马克笔和彩色铅笔表现技法

一、马克笔画

马克笔也叫麦克笔,是现在设计中常用的技法表现工具之一。马克笔画以其色泽剔透、着色简便、成图迅速、笔触清晰、风格豪放、表现力强,越来越受到设计师的重视,成为方案草图和快速表现设计效果的主要手段。马克笔有很强的表现力。

(一)马克笔画的基本技法

马克笔画的上色步骤与水彩颜料作画相似:由浅入深、由远及近,但颜色不宜反复叠加和过多涂改,否则会导致色彩浑浊,甚至还会蹭破画纸。然而与水彩画步骤也有不相同之处,那就是马克笔受笔触较窄的限制,一般均是从局部画起,逐渐扩大到整幅画面(如图4-11所示)。

图4-11　马克笔表现技法　(尤长军)

马克笔除了笔上固定的一次色之外,可以通过叠加的方式获得混合色。同色叠加可略加深色彩的明度和纯度,却改变不了色相;类似色叠加,既可获得明度、纯度的明显变化,也能增加色相的过渡与渐变;对比色叠加,色相变化十分明显,特别是补色叠加更容易发黑变灰,运用时需谨慎(如图4-12所示)。

图4-12　马克笔笔法练习　(尤长军)

(二)马克笔绘画基本步骤

步骤一　选择所要绘制的景观元素,依据所表现的内容,确定画面构图,注意透视关系(如图4-13所示)。

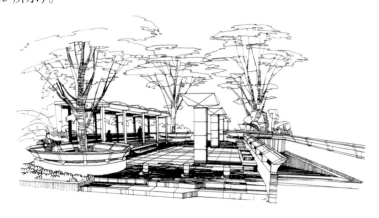

图4-13　马克笔技法步骤一

步骤二　用简单的色彩表现景观之间的明暗关系、空间关系(如图4-14所示)。

图 4-14　马克笔技法步骤二

步骤三　主要景观着色,恰当处理主次关系(如图 4-15 所示)。

图 4-15　马克笔技法步骤三

步骤四　逐步深入刻画树木、花草、绿篱、山石、景石、自然卵石、水景、园林小品、各类铺地、天空、建筑、自然景观等表现(如图 4-16 所示)。

图 4-16　马克笔技法步骤四

步骤五　调整景观细节,统一画面,丰富视觉效果(如图 4-17 所示)。

图 4-17　马克笔技法步骤五　（何昕）

二、彩色铅笔表现技法

（一）彩色铅笔画表现基本笔法

彩色铅笔与绘图铅笔一样,主要是运用描绘、刻画、平抹、涂擦等手法表现对象,色泽的浓淡、饱和与用笔的力度相关;但彩色铅笔具备了色彩的属性,其笔芯中含有石蜡成分,着纸后不易被擦掉,因而须注意保持由浅渐深的画法步骤。

景观设计表现图中,彩色铅笔技法大都是作为钢笔画的辅助着色手段。草图阶段的彩色铅笔着色往往只是一种对形象概念的大致区分,用笔不必过于拘束,选择恰当的颜色涂一遍即可。对于比较精致的设计表现效果图则须讲究一下用笔方法和着色技巧。例如,在画物体形象时,为强调用笔的准确性,可利用纸片、直尺(或曲线尺)、手指对笔触线条的起始或收尾进行遮挡,以保持形象边缘轮廓的精准。

对于画面整体色彩的艺术处理,以及局部色彩的过渡与渐变,可以采用不同彩色线条的交叉排列、叠加组合,甚至还可发挥水溶性彩铅颜色溶水的特点,获取画面色彩的艳丽、丰富、笔触生动而富于刚柔变化的艺术效果(如图 4-18 所示)。

图 4-18　彩色铅笔笔法

（二）彩色铅笔画表现基本步骤

步骤一　首先确定透视关系,明确视平线高度。注意构图及画面的前、中、后景和背景处理方法,保证透视准确、疏密得当、富有节奏(如图4-19所示)。

图4-19　彩色铅笔画步骤一

步骤二　由前景到远景勾勒物象,注意物体前后层次和空间关系。可用勾线的粗细、轻重来表现景物、构筑物,铺装可用较细的笔勾线,植物可用粗一点的笔勾线(如图4-20所示)。

图4-20　彩色铅笔画步骤二

步骤三　对画面中各物体的明暗关系加以刻画,对线的组织和疏密作进一步的处理,并勾画各种材料的材质和植物的形态。当墨线稿完成后,用橡皮擦净铅笔印迹(如图4-21所示)。

图4-21　彩色铅笔画步骤三

　　步骤四　画面大体完成后,进行细节调整,强化和调整图面中主要表现对象和次要表现物体的对比协调,形象不够丰满之处,可用勾线笔随时添加(如图4-22所示)。

图4-22　彩色铅笔画步骤四　(符宗荣)

三、马克笔、彩色铅笔、钢笔淡彩绘画示例

马克笔、彩色铅笔、钢笔淡彩绘画示例如图4-23～图4-29所示。

图 4-23　马克笔表现技法（一）（沙沛）

图 4-24　马克笔表现技法（二）（邓蒲宾）

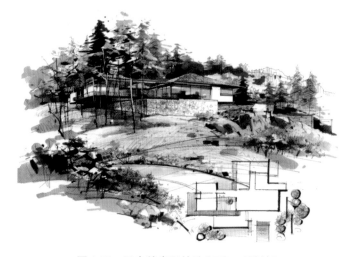

图 4-25　马克笔表现技法（三）（沙沛）

图 4-26 马克笔表现技法(四)(沙沛)

图 4-27 彩色铅笔表现技法(一)(谢尘)

图 4-28 钢笔淡彩画表现技法 (夏克梁)　　图 4-29 彩色铅笔表现技法(二)(谢尘)

实训一　造园要素钢笔表现

1. 实训目的

掌握钢笔绘画的基本技法,熟练应用各种线条表现园林造园的基本要素。

2. 材料工具

美工钢笔或其他水性钢笔、打印用图纸、其他辅助工具。

3. 实训的基本内容

直线与曲线的结合运用是本次练习的主要内容,直线练习包括不同力度下产生的效果练习。曲线练习包括力量和速度不同情况下画出的线条练习。运用不同的线条组成色调块面的练习,黑白灰变化的表现等。

4. 需要注意的基本问题

(1)在表现各种线条时,不要出现用笔杂乱的现象,要一笔一笔地画,使线条有规律地留在纸面上。

(2)在处理直线与曲线关系时,要结合所要表现的物体进行分析后,再选择合适的组合手法。

(3)在黑、白、灰处理上要时刻注意所要表现的物体和光源的关系。

5. 范例

钢笔画范例如图4-30～图4-33所示。

图4-30　钢笔画范例(一)　(尤长军)

图4-32　钢笔画范例(三)　(陈瑞熊)

图4-31　钢笔画范例(二)　(尤长军)

图 4-33　钢笔画范例(四)　(马冲)

实训二　钢笔淡彩表现

1. 实训目的

掌握钢笔淡彩绘画的基本技法,较好地完成钢笔绘画与水彩绘画的有机结合。

2. 材料工具

美工钢笔或其他水性钢笔、水彩颜料、水彩纸、调色盒、图板、胶带、其他辅助工具。

3. 实训的基本内容

利用钢笔在水彩纸上绘制出园林效果图线稿,把水彩纸裱在画板上,要尽量平整便于上色。在上色过程中要充分利用好钢笔画的黑、白、灰效果,体现出水彩的透明与艳丽。

4. 需要注意的基本问题

(1)要注意掌握一般钢笔与美工笔、针管笔和签字笔的不同性能与笔触特点,了解它们的绘画使用方法和所画出的不同线条效果。

(2)水彩的持水特点很强,其关键在于用水、用色及用笔上,要注意三者的结合。

(3)在进行效果图表现时要确定所要表现的景观内容,然后合理选择所要表现的景观透视的角度,分析植物、建筑、地面等景观要素的色彩和造型。

5. 范例

钢笔淡彩范例如图 4-34、图 4-35 所示。

图 4-34　钢笔淡彩范例(一)　(高飞)

图 4-35　钢笔淡彩范例(二)　(高飞)

实训三　马克笔表现

1. 实训目的

掌握马克笔绘画的基本用笔特点,熟练应用各种笔触表现园林造园的基本要素。

2. 材料工具

马克笔、绘图纸、打印用纸、其他辅助工具。

3. 实训的基本内容

确定表现内容,充分利用马克笔线条的排列特点,表现园林景观要素,马克笔笔触的排列与组合是构成表现图绘画要素的根本。初学者要注意避免线条扭曲生硬,笔触排列混乱,进而导致画面形体结构松散、色彩脏腻。

4. 需要注意的基本问题

(1)马克笔色彩透明,重复上色色彩会变深,如果多层重叠,色彩将不透明变脏。

(2)马克笔不易修改,上色时顺序一般是先浅后深,要均匀地涂出成片的色块,运笔要快速、均匀。

(3)注意颜色之间的色彩搭配。

5.范例

马克笔绘画范例如图4-36、图4-37所示。

图4-36 马克笔绘画范例(一) (尤长军)

图4-37 马克笔绘画范例(二) (谭剑乡)

实训四 彩色铅笔表现

1.实训目的

掌握彩色铅笔绘画的基本技法,熟练应用各种线条表现园林造园的基本要素。

2.材料工具

彩色铅笔、素描纸、打印用图纸、其他辅助工具。

3. 实训的基本内容

利用彩色铅笔色彩层次细腻、易于表现丰富的空间层次的特点,充分表现园林景观效果图。

4. 需要注意的基本问题

(1) 彩色铅笔也具有一般绘图铅笔一样的绘画、刻画、平抹、涂擦等运笔手法,色泽的浓淡、饱和与用笔的力度相关,要控制好力度。

(2) 面对精细的设计表现图需要讲究用笔的技法和着色的技巧。

5. 范例

彩色铅笔画范例如图 4-38 所示。

图 4-38　彩色铅笔技法　（宫晓滨）

实训五　综合技法表现

1. 实训目的

掌握不同笔的基本性能,发挥各自特点表现园林造园的基本要素。

2. 材料工具

美工钢笔、彩色铅笔、马克笔等,绘图纸和打印用图纸等,其他辅助工具。

3. 实训的基本内容

利用不同的笔的各自特点,有机结合,充分表现园林景观效果图。

4. 需要注意的基本问题

(1) 不同笔法的结合使用要有主次搭配。

(2) 在处理不同结构时要选择最佳表现笔法和工具。

(3) 在画面调整时要努力做到有机结合、合理搭配。

5. 范例

综合技法范例如图 4-39 ~ 图 4-41 所示。

图 4-39　综合技法范例(一)　(邓蒲宾)

图 4-40　综合技法范例(二)　(邓蒲宾)

图 4-41　综合技法范例(三)　(谢尘)

第五章 作品欣赏

作品欣赏既可以作为临摹范本，又可作为欣赏部分，所以建议每个观者来评判作品。

第一节 美术作品欣赏

一、素描作品欣赏

素描作品欣赏如图 5-1 ~ 图 5-6 所示。

图 5-1 石膏组合体写生 （尤长军）

图 5-2 静物（一）（李国中）

图 5-3　静物（二）　（李国中）

图 5-4　园林风景素描（一）　（宫晓滨）

图 5-5　园林风景素描（二）　（宫晓滨）

图5-6　建筑风光素描　（任大鹏）

二、色彩作品欣赏

色彩作品欣赏，如图5-7～图5-12所示。

图5-7　色彩静物（一）　（郦纬农）

图 5-8　色彩静物(二)　(王磊)

图 5-9　色彩静物(三)　(王磊)

图 5-10　色彩静物(四)　(郦纬农)

图 5-11　色彩静物(五)　(郦纬农)　　　　图 5-12　色彩静物(六)　(郦纬农)

第二节　园林设计实例欣赏

园林设计实例如图 5-13 ~ 图 5-22 所示。

图 5-13　园林设计实例　(高飞)

图 5-14　园林设计手绘实例　（高飞）

图 5-15　马克笔表现(一)　（沙沛）

图 5-16　彩色铅笔表现　（符宗荣）

图 5-17　平静的湖岸设计方案鸟瞰图　水彩　（Tamots yamamoto）

图5-18 彩色铅笔、马克笔表现(一) (夏克梁)

图5-19 马克笔表现(二) (李国律)

图 5-20　马克笔表现（三）　（张德俊）

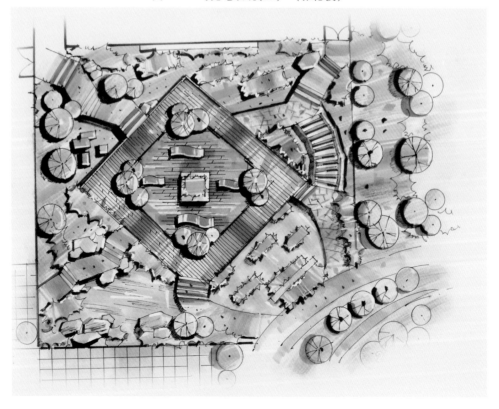

图 5-21　马克笔表现（四）　（李国律）

图 5-22　马克笔表现(五)　(聂敏)

参考文献

［1］李随文. 园林绘画［M］. 重庆:重庆大学出版社,2006.

［2］王磊. 色彩静物［M］. 长春:吉林美术出版社,2007.

［3］文健,张增宝. 手绘景观表现技法教程［M］. 北京:清华大学出版社、北京交通大学出版社,2006.

［4］宫晓滨,高文漪. 园林钢笔画［M］. 北京:中国林业出版社,2007.

［5］符宗荣. 景观设计徒手画表现技法［M］. 北京:中国建筑工业出版社,2007.

［6］毛文正,郭庆红. 景观设计手绘表现图解［M］. 福州:福建科学技术出版社,2007.

［7］谢尘. 室外设计手绘效果图步骤详解［M］. 武汉:湖北美术出版社,2006.

［8］段渊古. 钢笔画［M］. 北京:中国林业出版社,2007.

［9］郦纬农. 色彩静物临本［M］. 杭州:浙江人民美术出版社,2000.

［10］夏克梁. 手绘教学与表现［M］. 天津:天津大学出版社,2008.

［11］唐建. 景观手绘速训［M］. 北京:中国水利水电出版社,2009.

［12］蒋长虹. 园林美术［M］. 北京:高等教育出版社,2005.

［13］高飞. 园林水彩［M］. 北京:中国林业出版社,2007.

［14］徐荣贵. 色彩画［M］. 北京:高等教育出版社,1993.

［15］顾振华. 色彩［M］. 北京,:高等教育出版社,2003.

［16］赵春林. 园林美术［M］. 北京:中国建筑工业出版社,1999.

［17］钟训正. 建筑画环境与表现技法［M］. 北京:中国建筑工业出版社,1985.

［18］胡长龙. 园林景观手绘表现技法［M］. 北京:机械工业出版社,2007.

［19］卢仁. 园林建筑［M］. 北京:中国林业出版社,2000.

［20］严健,张源. 手绘景园［M］. 乌鲁木齐:新疆科技卫生出版社,2003.

［21］(美)奥列佛. 奥列佛风景建筑速写［M］. 杨径青,杨志达译. 南宁:广西美术出版社,2003.

［22］杜莜玉,刘昕,李梅. 基础素描［M］. 武汉:湖北美术出版社,2002.

［23］周晓萍. 绘画基础·素描［M］.合肥:中国科学技术大学出版社,2005.

［24］黄作林,李育,邓旭. 设计素描［M］. 重庆:重庆大学出版社,2002.

［25］宫六朝,郭振涛. 水彩静物风景［M］. 武汉:湖北美术出版社,2006.

［26］张奇,丁亮,等. 色彩［M］. 上海:同济大学出版社,2008.